Die unerträgliche Leichtigkeit der Vitamintablette

Henry Level

Die unerträgliche Leichtigkeit der Vitamintablette

Physik überraschend, verständlich und unterhaltsam

Springer

Henry Level
Kaiserslautern, Deutschland

ISBN 978-3-662-73032-4 ISBN 978-3-662-73033-1 (eBook)
https://doi.org/10.1007/978-3-662-73033-1

Die Deutsche Nationalbibliothek verzeichnet diese Publikation in der Deutschen Nationalbibliografie; detaillierte bibliografische Daten sind im Internet über https://portal.dnb.de abrufbar.

Planung/Lektorat: Caroline Strunz
Springer ist ein Imprint der eingetragenen Gesellschaft Springer-Verlag GmbH, DE und ist ein Teil von Springer Nature.
Die Anschrift der Gesellschaft ist: Heidelberger Platz 3, 14197 Berlin, Germany

den vielen engagierten Lehrer:innen gewidmet

Vorwort, Danksagung und Literaturhinweis

Jeder Beitrag in Buchform, im Fernsehen oder im Internet über wissenschaftliche und insbesondere physikalische Themen ist meines Erachtens zu begrüßen, weil er Interesse weckt und solche Fächer aus der Isolationsstation der Gesellschaft herausholt. Gleichwohl werden die Themen – um der Unterhaltung willen – *manchmal* so vereinfacht dargestellt, dass die Erklärungen kaum noch als richtig bezeichnet werden können.

Dieses Buch ist der Versuch, auch schwieriger erklärbare und/oder weniger populäre physikalische Phänomene (oft im Alltag beobachtbar) in Kurzform und dennoch nicht zu vereinfachend zu erläutern.

Zu Dank bin ich vielen Menschen aus meiner langen Zeit in der universitären Lehre verpflichtet. Hervorheben möchte ich Viktor Becker, Matthias Steinle, Sascha Sprengard und Rudi Ganiman, die sich für die Erst- und Zweitsemester-Vorlesungen viele (auch neue) Versuche überlegt, sie aufgebaut und in den Lehrveranstaltungen vorgeführt haben. Toll! Danke vielmals!

Caroline Strunz als Editorin im Verlag Springer Nature möchte ich ganz herzlich für die Unterstützung dieses

Buchprojekts von der ersten Sekunde an danken. Ihr Name stehe hier auch stellvertretend für alle anderen Mitarbeiter:innen oder Beauftragte des Verlags, ob in Deutschland oder Indien, die an der Erstellung dieses Buchs beteiligt gewesen sind.

Das Buch ist als populärwissenschaftlicher Beitrag gedacht. Um es gut leserlich zu halten, habe ich bewusst auf Literaturhinweise verzichtet. Die behandelten Themen finden sich in vielen Lehrbüchern der universitären Physik-Lehre für das erste und zweite Semester. Besonders hervorheben möchte ich allerdings die Lehrbücher „Experimentalphysik 1–4" von Wolfgang Demtröder, erschienen im Verlag Springer Spektrum.

Bei Zahlenangaben, die ich nicht selbst berechnen oder bestimmen konnte (*zum Beispiel* bei den c_w-Werten von Autos) habe ich auch auf das WorldWideWeb zurückgegriffen. Dabei habe ich immer mehrere unabhängige Einträge verwendet, um die Gefahr zu reduzieren, *KI-Halluzinationen* oder anderen *„fake news"* aufzusitzen. Ich hoffe, ich war diesbezüglich erfolgreich.

Jedes Kapitel des Buches kann für sich und in jeder beliebigen Folge gelesen werden. Gleichwohl haben die Kapitel eine gedankliche Reihenfolge, sodass die Lektüre leichter fallen würde, wenn beim Lesen auch die zahlenmäßige Reihenfolge eingehalten werden würde. Ich möchte allen Leser:innen viel Freude mit diesem Buch und bei der Beschäftigung mit Physik überhaupt wünschen.

24.02.2026 Henry Level

Inhaltsverzeichnis

1

Der richtige Dreh

… the taming of the screw – der Tennisschläger-Effekt

Stellen Sie sich vor, Sie seien eine Astronautin oder ein Astronaut und wollen einen Griff, der in der Raumstation innen in die Bordwand eingeschraubt ist, herausdrehen! Sie wollen das mit viel Schwung machen, und das Gewinde sei dafür leichtgängig genug. Sie schlagen auf die eine Seite des Griffs. Der Griff dreht sich daraufhin aus der Bordwand heraus. Dann stellen Sie fest, dass der Griff – sobald sein Gewinde die Wand verlassen hat – nicht nur weiterdreht (wie es zu erwarten wäre), sondern dass sich der Gewindearm des Griffs periodisch von der Wand weg- und wieder auf die Wand zubewegt, wie in Abb. 1.1 skizziert.

Wahrscheinlich würden Sie erst einmal Ihren Augen nicht trauen. Dann würden Sie wohl höhere Mächte oder Zauberei im Spiel vermuten. Und wahrscheinlich würden Sie es sich dreimal überlegen, Ihre Beobachtung den Mitreisenden oder der Bodenstation zu melden, um nicht für verrückt erklärt zu werden.

Sehen Sie bitte zum Beispiel unter den Stichwörtern „Dzhanibekov effect … NASA“ oder unter „tennis racket theorem“ im Internet nach!

H. Level, *Die unerträgliche Leichtigkeit der Vitamintablette*,
https://doi.org/10.1007/978-3-662-73033-1_1

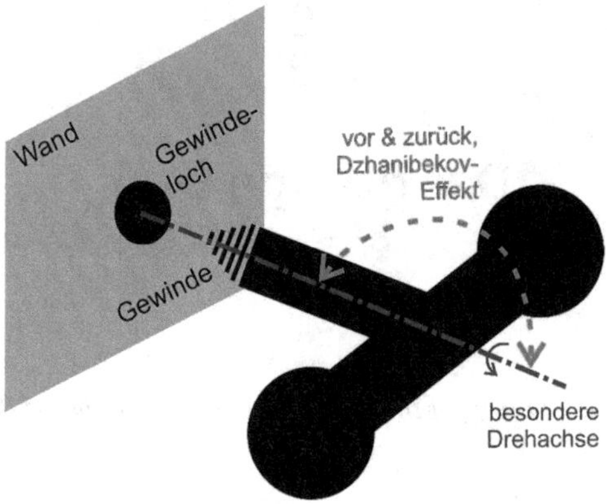

Abb. 1.1 Eine Skizze zum drehenden und taumelnden Griff

Doch genau so ist es dem russischen Kosmonauten Wladimir Dzhanibekov 1985 an Bord einer russischen Raumstation ergangen. Offenbar wurde er nicht für verrückt erklärt. Seine Mitreisenden konnten sich ja auch überzeugen, dass er Recht hatte.

Aber Sie müssen nicht ins Weltall reisen, um den Effekt zu erleben. Vielleicht haben Sie es sogar schon selbst einmal bemerkt: wenn sie einen Tennis- oder Tischtennisschläger um seine Querachse drehend hochwerfen (so als wenn Sie eine Bratpfanne hochwerfen wollen würden, um das Omelette zu drehen), hat sich die zunächst obere Fläche beim Auffangen wahrscheinlich nach unten gedreht (schade um das Omelette). Sie können dies noch besser feststellen, wenn sie links an die Fläche einen Klebestreifen als Markierung anbringen; der sollte beim Auffangen dann rechts sein.

Dieser Effekt wird heute Tennisschläger-Effekt oder wissenschaftlich eher Dzhanibekov-Effekt genannt. Seine Beobachtung im Weltraum hat aufgrund der „Schwerelosigkeit" den Vorteil, dass das drehende Teil nicht zu Boden fällt und sein Verhalten deshalb lange beobachtet werden kann.

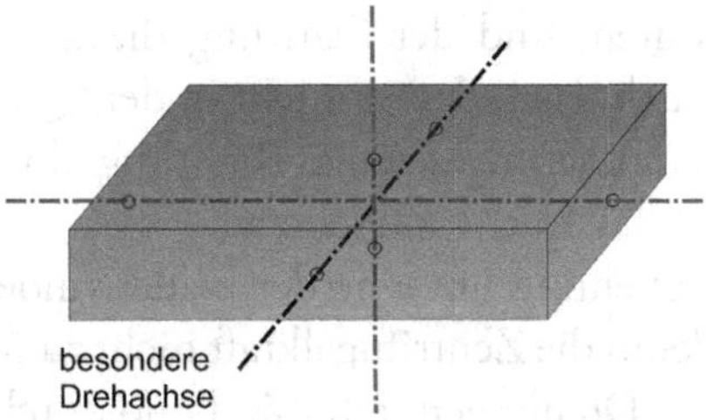

Abb. 1.2 Veranschaulichung der „besonderen Drehachse"

Ohne dass die Bezeichnung im Folgenden weiter wichtig wäre, sei kurz erwähnt, dass die Drehachse, die der Kosmonaut beim Abdrehen des Griffs verwenden musste, in der Physik die „Achse des mittleren Hauptträgheitsmoments" genannt wird. Hier möge sie einfach die „besondere Drehachse" heißen, in Abb. 1.2 an einem Quader skizziert.

Seit langer Zeit ist bekannt, dass Drehungen um diese besondere Achse nicht stabil verlaufen. Probieren Sie es mit einem leeren quaderförmigen Pappkarton aus! Werfen Sie ihn hoch und drehen Sie ihn (beim Loslassen) um die Achse, die durch die Mitten gegenüberliegender Flächen mit einer kurzen und einer langen Kante geht! Sie werden es nicht schaffen, eine stabile Drehung um diese besondere Drehachse hinzubekommen. Demgegenüber dreht sich der Karton stabil, wenn sie eine Drehung um eine der beiden anderen Achsen durch gegenüberliegende Flächenmitten herbeiführen.

Ja, die Drehung um die besondere Achse ist *nicht stabil!* Aber was bedeutet das eigentlich? Dzhanibekov stellte fest, dass die Bewegung *dennoch nicht regellos* ist. Der Gewindearm des Griffs taumelte quasi periodisch vor und zurück. Mittlerweile kann dies auch erklärt werden. Die Zentrifugalkraft (die wir alle vom Karussell auf dem Kinderspielplatz kennen) reißt den Gewindearm aus seiner Lage nach oben oder unten, und der Schwung dieser zweiten Drehung führt auch dazu, dass er nicht in der Querlage bleibt, sondern zur entgegengesetzten Richtung durchschwingt. Dort beginnt das Spiel von Neuem.

Bei einer Drehung um eine der beiden anderen Hauptdrehachsen kann die Zentrifugalkraft nicht zum Zuge kommen, weil jene Drehungen stabil sind und durch kleine Störungen nicht beeinflusst werden können (was man mathematisch zeigen kann).

Es ist absolut faszinierend, dass auch bei vermeintlich einfachen Situationen aus der physikalischen Mechanik einiges erst jetzt verstanden wird. Die Physik ist niemals abgeschlossen. Für Verblüffendes muss nicht unbedingt die Quantenphysik bemüht werden.

Weil der Autor japanische Haikus mag, zum Abschluss von jedem Kapitel ein Dreizeiler oder auch zwei (nicht unbedingt im strengen japanischen Versmaß 5-7-5, aber hier zum Beispiel):

Der Kosmonaut denkt:
„Kann das sein?"; der Griff sich dreht
um zwei der Achsen?!

2

Die widerspenstige Garnrolle

… the taming of the spool – die momentane Drehachse

Ich nehme an, jeder von Ihnen hat mindestens eine eigene Garnrolle, mit der Sie ausprobieren können, worum es bei diesem Thema geht (s. Abb. 2.1).

Wenn Sie – wie links in Abb. 2.1 – den Faden, der rechts die Auflagefläche verlässt, vertikal nach oben ziehen, wird die Garnrolle nach links rollen, und *der Faden rollt sich ab.*

Wenn Sie aber – wie rechts in Abb. 2.1 – den Faden, der unten die Auflagefläche verlässt, horizontal nach rechts ziehen, wird sich die Garnrolle nach rechts drehen, und *der Faden rollt sich verblüffenderweise von selbst auf.*

Zur Erklärung würden in einer Physik-Vorlesung die Begriffe Hebelarm, Drehmoment und Drehimpuls verwendet werden; aber wir versuchen hier, ohne diese Begriffe auszukommen.

Zum Verständnis ist wichtig, dass sich die Linie, auf der die Garnrolle die Tischplatte berührt, ständig verschiebt. Im Bild ist nur ein großer Punkt zu sehen, weil wir von der Seite (also im Querschnitt) auf die Garnrolle schauen. Diese Auflagelinie wird auch „momentane Drehachse“ genannt, weil sich die Garnrolle *auf der Tischplatte in jedem*

H. Level, *Die unerträgliche Leichtigkeit der Vitamintablette*,
https://doi.org/10.1007/978-3-662-73033-1_2

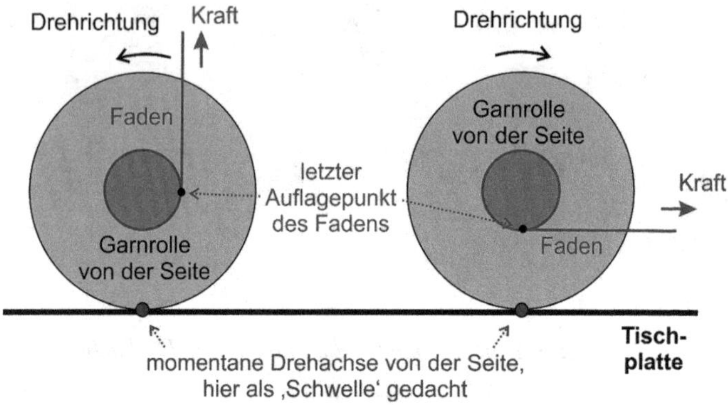

Abb. 2.1 Zwei Garnrollen skizziert: zum einen der Faden hochgezogen, zum anderen horizontal gezogen

Moment um diese (wandernde) Drehachse dreht. (Die Drehachse ist *nicht* die Mittelachse der Garnrolle!)

Um zu verstehen, was passiert, können wir uns diese momentane Drehachse auch *als eine längliche „Schwelle" vorstellen*, die von der Garnrolle überwunden werden muss. Denken Sie vielleicht an die Schwellen, die in verkehrsberuhigten Zonen auf der Straße fixiert werden, um Autofahrer:innen zum Langsamfahren zu zwingen!

Im linken Teilbild wird die Garnrolle durch das Hochziehen des Fadens nach links „über die Schwelle gerollt", als wenn der Faden rechts wie eine Brechstange wirkt und die Garnrolle nach links hebelt. Im rechten Teilbild zieht der nach rechts gezogene Faden auch die Garnrolle über die Schwelle.

Wenn Sie nun den Faden unter 45° quer nach rechts oben ziehen, wird sich die Garnrolle nicht mehr drehen, sondern nur noch über die Tischplatte rutschen. 45° ist genau der Winkel zwischen horizontal und vertikal. Gleich große Kräfte (eigentlich müsste von Drehmomenten die Rede sein) treiben die Garnrolle gleichzeitig rechts und links herum. Die Kräfte/Drehmomente heben sich auf. Deswegen rollt die Garnrolle nicht mehr. Aber sie ist nicht fest mit der Tischplatte verbunden. Die Rolle rutscht über die Tischplatte.

Wieder so ein Beispiel, in dem eine ganz einfache Situation eine ganze Menge Physik enthält!

So widerspenstig
Garnrollen auch sind;
die Physik kann es erklären.

3

Warum wir nicht von der Erde geschleudert werden

Zentrifugalkraft versus Gewichtskraft

Mindestens von Kinderspielplätzen und der Kirmes kennen wir alle die Auswirkungen der Zentrifugal- oder Fliehkraft auf uns Menschen, wenn wir uns auf einem Karussell vergnügen. Diese Kraft wächst (quadratisch) mit der Winkelgeschwindigkeit der Drehung (Winkelgrade pro Sekunde) und (linear) mit dem Abstand des Körpers oder des Objekts von der Drehachse.

Bei Kettenkarussells werden die Parameter der Drehung oft so gewählt, dass die Aufhängeseile mit dem Korb unter einem Winkel von ca. 30° zur Senkrechten ausgelenkt werden. Dafür muss sich das Karussell so schnell drehen, dass die Zentrifugalkraft knapp 60 % der Gewichtskraft beträgt. Um einen Winkel von 45° zur Senkrechten zu erreichen, muss die Zentrifugal so eingestellt werden, dass sie genauso groß wie die Gewichtskraft ist. Dafür muss sich das Karussell noch schneller drehen. Die Gewichtskraft zieht nach unten, und die dann gleich starke Zentrifugalkraft zieht nach außen. Den Kund:innen dieser Fahrgeschäfte sind die wirkenden Fliehkräfte oft deutlich anzusehen – so oder so (s. Abb. 3.1).

H. Level, *Die unerträgliche Leichtigkeit der Vitamintablette*,
https://doi.org/10.1007/978-3-662-73033-1_3

Abb. 3.1 Fröhliches Kind auf einem Kettenkarussell

Nun leben wir alle auf einem besonderen Karussell. Die Erde dreht sich um die Sonne, und die Erde dreht sich dabei auch noch um ihre eigene Achse – vergleichbar mit einem Kinderkarussell, auf dem sich auch die Figuren selbst noch einmal um ihre eigene Achse drehen. Durch beide Drehungen entstehen Fliehkräfte (Zentrifugalkräfte). *Warum scheinen wir sie nicht zu bemerken? Oder anders gefragt: wie groß sind sie eigentlich?*

Bei der Drehung der Erde um die Sonne geht es um eine Winkelgeschwindigkeit von 360° pro 1 Jahr, bei der Eigendrehung der Erde um 360° pro 1 Tag.

Im ersten Fall ist der anzusetzende Abstand die Entfernung von der Erde zur Sonne, also ca. 150 Mio. km. Das sind $8^1/_3$ Lichtminuten; das Licht braucht von der Sonne zur Erde $8^1/_3$ min. Im zweiten Fall muss der (kürzeste) Abstand von der *Erdachse* zur Erdoberfläche berücksichtigt werden. Für einen Menschen am Äquator entspricht dies dem Erdradius von ≈6400 km. Für Menschen weiter nördlich oder südlich des Äquators nimmt die *zweite* Zentrifugalkraft zu den geographischen Polen hin immer weiter und bis auf Null ab, weil auch ihr Abstand zu der Erddrehachse abnimmt.

Gehen wir von einem Menschen *am Äquator* aus. Die Zentrifugalkraft durch die Drehung der Erde um die Sonne beträgt nur etwa 0,6 Promille der Gewichtskraft – für einen Menschen von 100 kg Masse[1] und somit 1000 N (Newton) Gewicht also nur etwa 0,6 N. Und diese 0,6 N wirken in Richtung der Erdoberfläche oder dagegen oder teilweise seitwärts, je nachdem wo auf dem Äquator dieser Mensch steht. Wenn er auf der Sonnenseite steht und sein Kopf etwa zur Sonne weist, vergrößert sich die Kraft, die ihn auf den Boden drückt, um etwa diese 0,6 N. *Ein winziger Wert!*

Für die Person am Äquator beträgt die Fliehkraft aufgrund der Drehung der Erde um sich selbst etwa 3,4 Promille oder 0,34 % der Gewichtskraft, also 3,4 N für den 100 kg-Menschen, in dem Fall in der Äquatorebene vom Erdmittelpunkt radial nach außen weisend. *Auch noch sehr wenig!*

Die Erde ist ein
Karussell; doch hält sie fest
die Lebewesen.

[1] um die Zahlen für die Rechnung einfach zu halten.

4

Ablenkung unvermeidlich

die Coriolis-Kraft

Mit der sich um ihre eigene Achse drehenden Erde ist nicht nur eine Zentrifugalkraft verbunden, sondern auch eine weitere Kraft, die nach Gaspard Gustave de Coriolis (1792–1843) Coriolis-Kraft genannt wird.

Diese Kraft betrifft alle Objekte (Teilchen, Gegenstände wie Geschosse und vieles mehr), die sich auf oder über der Erde bewegen, aber nicht fest mit der Erde verbunden sind.

Am einfachsten zu verstehen ist die Situation, wenn wir an ein Geschoss denken. Um nicht von militärischen Auseinandersetzungen reden zu müssen, nehmen wir an, dass das Geschoss von einer Sportschützin (in Abb. 4.1[1] von einem Turm auf dem 50. nördlichen Breitengrad exakt nach Osten) abgefeuert wird.

Die Kugel erfährt auf ihrem Flug zwar etwas Reibung durch die Atmosphäre; diese Reibung führt letztlich auch dazu, dass das Geschoss immer langsamer wird und schließlich auf den Erdboden trifft. Und da die Luft wiederum etwas Reibung mit der Erde erfährt, könnte man sagen,

[1] Von oben senkrecht nach unten geguckt; der Betrachter soll direkt über dem Turm weit ab von der Erdoberfläche sein!

H. Level, *Die unerträgliche Leichtigkeit der Vitamintablette*,
https://doi.org/10.1007/978-3-662-73033-1_4

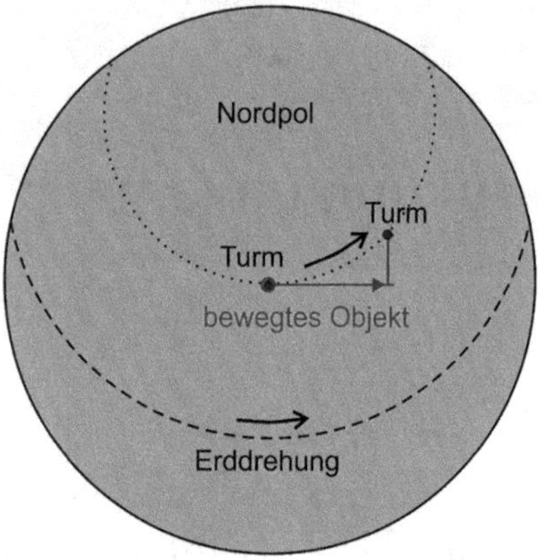

Abb. 4.1 Skizze zur Erklärung der Coriolis-Kraft: Eine Kugel wird von einem Turm auf dem 50. Breitengrad nördlicher Breite genau nach Osten abgeschossen.

dass das Geschoss indirekt ein bisschen mit der Erdkugel verbunden ist, aber eben nicht viel.

Das Geschoss fliegt – aus dem Weltall betrachtet – ohne Ablenkung weiter. Aber während es fliegt, *dreht sich die Erde unter ihm weg* – mit ihrer üblichen Drehung um ihre eigene Achse. In der Zeichnung ist das natürlich völlig übertrieben dargestellt, weil das Geschoss nicht viele tausend Kilometer fliegen wird, bevor es auf den Erdboden trifft.

Das Geschoss ist im Bezugssystem Erde nach rechts (zu kleineren Breitengraden) abgelenkt worden, weil sich die Erde – von oben auf den Nordpol geguckt – entgegen dem Uhrzeigersinn weggedreht hat.

Solche bewegten Objekte werden auf der Nordhalbkugel immer nach rechts abgelenkt – egal in welche Richtung sie abgeschossen werden oder sich fortbewegen. Auf der Südhalbkugel ist die Ablenkung immer nach links – egal in welche Richtung sich die Objekte fortbewegen. Nur wenn sich das Objekt genau entlang des Äquators bewegt (egal ob nach Westen oder nach Osten) gibt es überhaupt keine Ablenkung.

Die von der Erde nicht gehaltenen Objekte *„spüren“* diese Kraft der Ablenkung *nicht,* weil sie nach Newton in ihrem Bezugssystem einfach ungestört geradeaus weiterfliegen. Aber wenn die rotierende Erdoberfläche als Bezugssystem zur Beschreibung des Vorgangs genommen wird, muss die Coriolis-Kraft – auch nach Newton – eingeführt werden, um die Ablenkung zu erklären. Wegen des *Nicht-Spürens* wird diese Kraft daher zu den „Scheinkräften“ gezählt.

Schwieriger zu begreifen ist die Situation, wenn das Objekt mit der rotierenden Unterlage stärker, aber nicht 100 %-ig verbunden ist. Nehmen wir an, Sie gehen in einem Zug durch den Gang nach vorne zum Bordrestaurant. Wenn der Zug dann plötzlich eine enge Linkskurve fährt, werden Sie nach rechts gedrängt. Und Sie spüren diese Kraft; sie ist sehr real. Das liegt aber nur daran, dass ihre Schuhsohlen infolge von Reibung stark mit dem Boden verbunden sind und gehalten werden, ihr restlicher Körper aber nicht.

Die Coriolis-Kraft führt auch dazu, dass sich auf der Nordhalbkugel der Erde Tiefdruckwirbel gegen den Uhrzeigersinn (von oben betrachtet, links herum) drehen, auf der Südhalbkugel aber im Uhrzeigersinn (rechts herum). *Wie kommt das?*

Nehmen wir als Beispiel die Nordhalbkugel (s. Abb. 4.2)!

Jedes einzelne Luftmolekül, dass sich über die Nordhalbkugel bewegt (Punkte und durchgezogene Pfeile in Abb. 4.2), wird wegen der Coriolis-Kraft nach rechts abgelenkt (gepunktete Pfeile). Gleichwohl erfährt jedes Molekül eine weitere Kraft, nämlich diejenige aufgrund des Luftdruckunterschieds; es wird über diese Kraft aus dem Be-

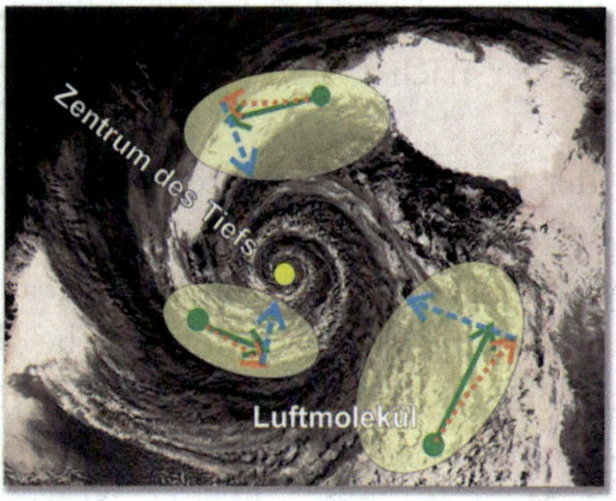

Abb. 4.2 Darstellung eines Tiefdruckwirbels auf der nördlichen Erdhalbkugel mit den Bewegungs- und Kraftrichtungen

reich höheren Drucks in Richtung auf das Zentrum des Tiefdruckgebiets gezwungen (gestrichelte Pfeile). Das passiert natürlich ständig und an jedem Punkt im Tiefdruckgebiet – mit jedem Luftmolekül. So entsteht auf der Nordhalbkugel eine „*nach* rechts *ausgebeulte*" spiralförmige Luftströmung, die sich wegen des tiefen Drucks im Zentrum *in die andere Richtung, das heißt nach links,* also gegen den Uhrzeigersinn, weiterdreht.

Die Coriolis-Kraft ist nicht riesig. Nehmen wir beispielsweise wieder den 50. Breitengrad nördlicher Breite. Dort macht die Coriolis-Kraft bei einer Bewegungsgeschwindigkeit von 5 m/s (langsames Fahrrad) nur den 50.000-sten Teil der Gewichtskraft aus.

Im Internet findet man Videos mit Fremdenführer:innen in *Ecuador,* die Touristen die Coriolis-Kraft vorführen wollen. Sie lassen Wasser aus einem Becken durch den Abfluss unten herausfließen. Wenn sie einige wenige Meter nördlich des Äquators sind, entsteht in dem Becken ein Wasserwirbel, der sich gegen den Uhrzeigersinn dreht. Einige Meter südlich des Äquators dreht sich der Wirbel im Uhrzeigersinn. Man kann dies getrost als Zaubershow verstehen. Denn die Coriolis-Kraft ist für das abfließende Wasser so schwach, dass jede kleinste Störung die Richtung des Wirbels bei seiner Entstehung umdrehen könnte. Zum Beispiel kommt es viel mehr darauf an, ob der Stöpsel des Wasserbeckens mit einer leichten Bewegung zu einer Seite herausgezogen wird. Diese Bewegung hat einen viel größeren Einfluss auf die Drehrichtung des Wirbels als die Coriolis-Kraft. Ich drücke mich ganz vorsichtig aus: Die Fremdenführer:innen scheinen sich große Mühe zu geben, den Stöpsel mit dem richtigen Effet herauszuziehen, damit alles auch wie gewünscht klappt.

Übrigens: Ohne es explizit zu erwähnen, war bisher nur von den *horizontalen* Anteilen der Coriolis-Kraft und der damit verbundenen Ablenkung bewegter Objekte die Rede, also von den Anteilen tangential zur Erdoberfläche. Coriolis-Kraft und Ablenkung haben im Allgemeinen – je nach Breitengrad und Bewegungsrichtung – aber auch *vertikale* Anteile. Wenn ein Objekt gerade eben einen der geographischen Pole (Nord oder Süd) überquert, macht der horizontale Anteil zwar 100 % aus; für die Vertikale bleibt nichts übrig. Das ist aber die Ausnahme. Das andere Extrem: Wenn sich ein Körper genau auf dem Äquator genau nach Osten oder Westen bewegt, gibt es keinerlei horizontalen Anteil. Die Coriolis-Kraft samt Ablenkung ist dann vertikal nach oben gerichtet. Das Objekt „hebt von der Äquatorlinie ab“; die Äquatorlinie verschwindet unter dem Objekt in die Tiefe.

Coriolis-Kraft:
so schwach sie ist, Tornados
können d'raus entsteh'n.

5

Mensch zieht Erde an

Actio = reactio bei Mensch & Erde

Wie wir alle wissen, lässt die Erdanziehungskraft alle losen Objekte, die nicht auf einer Unterlage liegen, zu Boden fallen. Mit dem Begriff „Objekte" können Gegenstände, aber durchaus auch menschliche Körper gemeint sein. Wir fallen hin, wenn wir nicht aufpassen und stolpern. Das Phänomen heißt „Gravitation".

Auch wenn in diesem Buch weitestgehend auf Formeln verzichtet wird, möge die Formel für die Gravitations-/Gewichtskraft G eines Körpers der Masse m in der Nähe der Erdoberfläche hier doch abgedruckt werden:

$$G = m \cdot A \qquad (\text{Kraft} = \text{Masse} \cdot \text{Beschleunigung})$$

Dabei ist $A = g_{(kleines\ g)} \approx 10\ \text{m/s}^2$ die so genannte „Erdbeschleunigung". Dieser Wert gilt eben dann, wenn das Fallen in der Nähe der Erdoberfläche stattfindet. In ihn gehen die Masse der Erde und der Erdradius von etwa 6400 km ein. Man könnte die Gleichung als vereinfachtes Newtonsches Gravitationsgesetz für Situationen auf oder in der Nähe der Erdoberfläche bezeichnen.

H. Level, *Die unerträgliche Leichtigkeit der Vitamintablette*,
https://doi.org/10.1007/978-3-662-73033-1_5

In unserem Sprachgebrauch heißt es: „Der Gegenstand fiel zu Boden. … Ich bin gefallen. …“. Aber zum Verständnis des Gravitationsgesetzes muss auch das Gesetz „actio = reactio“, das heißt das 3. Newtonsche Axiom, berücksichtigt werden. Die Erde zieht an dem Körper (und bringt ihn damit zum Fallen). Aber der Körper zieht auch an der Erde. Beide Kräfte sind gleich groß, aber weisen in entgegengesetzte Richtungen.

Müssten wir nicht merken, dass die Erde auf uns zufällt, … müssten wir dadurch nicht ständig in die Knie gehen? Nun die Kräfte sind zwar gleich, nicht aber die Beschleunigungen!

Die Erde hat eine Masse M von grob 10^{22} t (Tonnen), also 10^{25} kg, ein Mensch vielleicht von $m = 75$ kg. Die Kraft muss nach dem 3. Newtonschen Axiom für beide betragsmäßig gleich sein. Das heißt, das Produkt aus Masse und Beschleunigung muss für beide Objekte (Mensch und Erde) gleich sein:

$$m \cdot A = M \cdot a$$

Bei der kleinen Menschenmasse m (kleiner Buchstabe) führt die Gleichheit zu der großen Erdbeschleunigung A (großer Buchstabe $A = g \approx 10\ \text{m/s}^2$). Bei der großen Erdmasse M (großer Buchstabe) führt die Gleichheit zu einer winzigen Beschleunigung a (kleiner Buchstabe). So kann man sich die Größenverhältnisse der Massen und der Beschleunigungen auch durch die Größenwahl bei den Buchstaben verdeutlichen.

Der Wert von a ist $7{,}5 \cdot 10^{-24}\ \text{m/s}^2$, furchtbar klein.[1] Was stört es die Erde, wenn ein Mensch an ihr zupft!

Selbst wenn alle 8 Mrd. Menschen auf derselben Seite der Erde in einem eng begrenzten Bereich stehen würden, wäre die Beschleunigung, die auf die Erde wirkt, nur

[1] Beachten Sie bitte das Minuszeichen im Exponenten!

$6 \cdot 10^{-14}$ m/s^2 (siehe Fußnote 1). Immer noch sehr wenig! Aber die 8 Mrd. Menschen stehen ja auch nicht zusammen, sondern zupfen sogar alle in verschiedenen Richtungen an der Erde.

Mensch zupft an Erde,
genauso wie die Erde
ihn herunterzieht.

6

Fosburys Sprung war kein Flopp

wie der Schwerpunkt den Hochsprung revolutionierte

Seit Beginn des Hochsprungs hat es viele Techniken gegeben. 1874 setzte sich mit William Page der „*Schersprung*“ durch, bei dem der Springer oder die Springerin aufrecht sitzend die Latte überquert. Zuvor wird das Bein an der Latte im letzten Moment gestreckt nach vorne geschleudert.

Nach einigen Zwischenstufen setzte sich gegen Ende der 1930er-Jahre wiederum der „*Straddle*“ durch, bei dem der Körper über die Latte gewälzt wird. In der idealen Form dieser Technik ist der Körper über der Latte fast gestreckt, und die Längsachse des Körpers liegt am höchsten Punkt fast parallel zur Latte.

Schließlich betrat Richard Douglas (genannt „Dick“) Fosbury (1947–2023) die Stadien und revolutionierte mit seinem *Fosbury Flop* den Hochsprung erneut. Zum einen überspringt dabei der Athlet die Latte rückwärts. Und zum anderen wickelt er seinen Körper um die Latte, so dass der Schwerpunkt des Körpers immer *unterhalb* der Latte bleibt, s. Abb. 6.1. Das ist der entscheidende Punkt. Vor Fosbury musste der Körper samt seinem Schwerpunkt über die Latte gehoben werden. Der *Fosbury Flop* erlaubte es, den Schwerpunkt unter der Latte durchzuschieben.

H. Level, *Die unerträgliche Leichtigkeit der Vitamintablette*,
https://doi.org/10.1007/978-3-662-73033-1_6

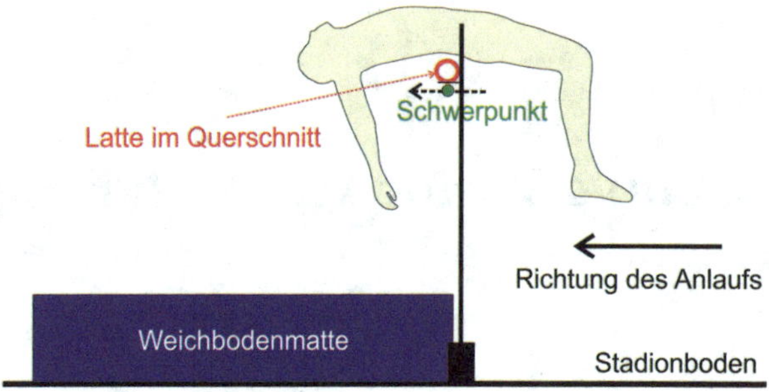

Abb. 6.1 Zeichnung eines Hochspringers, der mittels Fosbury Flop die Hochsprunglatte überquert

Was ist der Schwerpunkt und warum hilft die Strategie?

Der Schwerpunkt ist ein sehr hilfreiches und gar nicht so abstraktes physikalisches Konzept. Dabei wird die gesamte Masse des Körpers oder eines anderen Objekts in einem einzigen Punkt konzentriert gedacht. Und – solange die Bewegung nicht zu große Anteile von Drehungen enthält – kann die Bewegung des Körpers so beschrieben werden, als würde sich die gesamte Masse im Schwerpunkt befinden und bewegen.

Man darf gedanklich nicht irgendeinen Punkt des Objekts als Schwerpunkt deklarieren. Mathematisch lässt sich die Lage relativ einfach berechnen; aber ich möchte hier ohne Formeln auskommen. Wir alle haben aber aus unserer Alltagserfahrung ein Gefühl dafür, wo der Schwerpunkt liegt. Bei homogenen Objekten, wie gleichmäßig gefüllten oder gleichmäßig leeren Würfeln oder Kugeln, sitzt der Schwerpunkt in der geometrischen Mitte.

Bei Flaschen liegt der Schwerpunkt im Normalfall auf der Längssymmetrieachse, je nach Füllstand unterschiedlich hoch. Probieren Sie es mit einer stabilen Flasche (die hoffentlich nur Wasser enthält) aus: schieben Sie sie vorsichtig vom Tisch über die Kante! Erst wenn der Schwerpunkt nicht mehr oberhalb der Tischplatte sitzt (die Längsachse also die Tischplatte verlässt), wird die Flasche vom

Tisch fallen. Das ist genau eine solche Situation, wie sie oben angesprochen wurde: der Schwerpunkt steht stellvertretend für das ganze Objekt. Es verhält sich so, als wenn seine gesamte Masse im Schwerpunkt vereinigt wäre. Erst wenn der Schwerpunkt nicht mehr oberhalb der Tischplatte liegt, fällt die Flasche vom Tisch.

Aber was hat das mit dem Fosbury Flop *zu tun?*

Stellen Sie sich vor, Sie seien eine optimal vorbereitete Hochspringer:in! Ihre Technik ist ideal; Ihre Sprungkraft ist optimiert. Dann haben Sie es gelernt, ihre Bewegungsenergie aus dem Anlauf zum Sprung optimal in Energie der Höhe umzusetzen, um Ihren Körper so hoch wie möglich zu wuchten. Aber eigentlich müsste ich formulieren: … um Ihren Schwerpunkt so hoch wie möglich zu wuchten. Und wenn der Schwerpunkt gar nicht über die Latte gehoben werden muss, kann die Latte höher liegen als bei den alten Hochsprung-Techniken.

Das hört sich so einfach an. Aber es will natürlich auch gekonnt sein, den Körper über die Latte zu schlängeln – anders kann man es kaum bezeichnen –, wenn der Schwerpunkt unter der Latte durchgehen soll. Erst muss der Oberkörper über die Latte gehen. Dann muss er abgesenkt werden, damit der Schwerpunkt tief bleiben kann. Gleichzeitig müssen die Beine angehoben werden, um sie über die Latte zu bekommen. Und das alles furchtbar schnell und im richtigen Timing!

Physik ganz einfach, Sport auf höchstem Niveau!

Der Schwerpunkt:
so unscheinbar macht er die Arbeit
für den ganzen Körper!

Dick Fosbury
den Schwerpunkt d'runter durch bewegt',
den Rest er d'rum herum musst' schlängeln.

7

Messis Flanken sind keine Parabeln

Flankenparabeln sind Ellipsenabschnitte.

Selbst wenn jemand nicht allzu viel Mathematik und Physik in der Schule hatte, wird er schon von Parabeln gehört und sie auch gesehen haben. Beim Basketball fliegen die Bälle auf Parabelbögen in den Korb oder auch nicht. Beim Fußball werden Flanken geschlagen, bei denen der Ball (wenn er sich kaum selbst dreht) – von der Seite betrachtet – eine parabelförmige Bahn beschreibt. Dies wird auch regelmäßig in den Anfangsvorlesungen zur Physik an Universitäten berechnet. Dabei wird angenommen, dass alles in der Nähe der Erdoberfläche stattfindet, was beim Basketball- oder Fußballspielen ja auch zutrifft. Daher kann eine *konstante Beschleunigung* angenommen werden, das heißt die Erdbeschleunigung $g \approx 10\ \mathrm{m/s^2}$.

Aber Kepler (1571–1630) sprach in seinen Gesetzen zur Planetenbewegung von Ellipsen, auf denen sich die *Planeten um die Sonne* bewegen. Wenn es Parabeln wären, hätten die Planeten unser Sonnensystem schon längst verlassen.

Keplers Gesetze gelten nicht nur für Planeten auf ihren Bahnen um die Sonne, sondern auch für Basket- und Fußbälle auf ihren Bahnen um den Erdschwerpunkt, die sich zumindest auf einem kurzen Bogen von einer Stelle auf der Erdoberflä-

H. Level, *Die unerträgliche Leichtigkeit der Vitamintablette*,
https://doi.org/10.1007/978-3-662-73033-1_7

che zu einer anderen Stelle bewegen. Dieser kurze Bogen sollte nach Kepler Teilstück einer Ellipse sein. *Wie passt das also zusammen?*

Keplers Gesetze basieren auf dem Gravitationsgesetz von Newton (1643–1727), auch wenn Kepler, der offensichtlich früher lebte als Newton, dieses Gesetz noch gar nicht kannte. Die Physik, die dahintersteht, galt natürlich auch schon vor Newton und auch vor Kepler, nämlich immer schon.

Wenn das Newtonsche Gravitationsgesetz zugrunde gelegt wird, wonach die Beschleunigung je nach Abstand der Schwerpunkte von den beiden sich anziehenden Objekten (Sonne & Planet oder Erde & Ball) *unterschiedlich* ist, ergibt sich aus der Rechnung – bei nicht zu hohen Geschwindigkeiten – eine Ellipse (s. Abb. 7.1). Aber mit einer

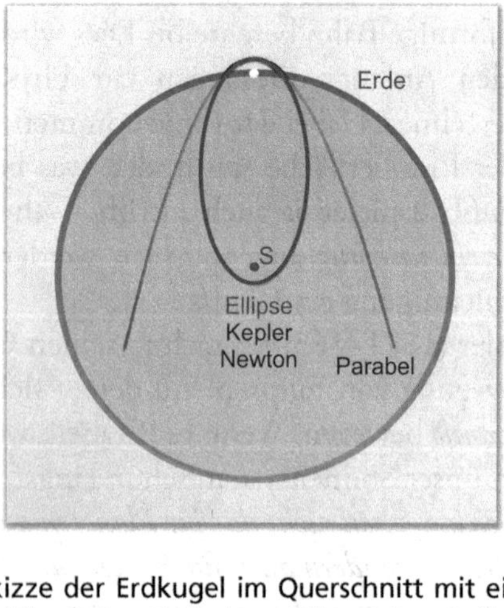

Abb. 7.1 Skizze der Erdkugel im Querschnitt mit einer parabelförmigen Ballflugbahn und einer Ellipse. Der Ball bewegt sich natürlich nicht in der Erde, sondern nur über der Erdoberfläche. Keplers Ellipse kann hier durch eine Parabel (konstante Erdbeschleunigung) angenähert werden

als konstant angenommenen (Erd-)Beschleunigung $g \approx 10\ \mathrm{m/s^2}$ ergibt sich, wie schon gesagt, mathematisch eine Parabel (s. auch Abb. 7.1). So einfach ist das!

Natürlich gilt das genauere Gravitationsgesetz auch für den Fußball, der über den Erdboden fliegt. Wenn genau gemessen werden würde, stellte man fest, dass es sich bei der Flugbahn um einen *Abschnitt* einer Ellipse handelte.

Daraus kann auch geschlossen werden, dass Ellipsen auf kurzen Teilstücken sehr gut durch Parabeln angenähert werden können, wie in Abb. 7.1 skizziert.

Lionel Messi,
ob Parabeln oder Ellipsenbögen,
seine Flanken sind genial.

8 Fluchtgeschwindigkeit

wenn jemand die Erde verlassen möchte

Im letzten Kapitel über Messis Flanken stand folgender Satz:

„Wenn das Newtonsche Gravitationsgesetz … zugrunde gelegt wird, ergeben sich … [Anm. d. Red.: für die Flugbahnen von Objekten] – *bei nicht zu hohen Geschwindigkeiten* – Ellipsen."

Aha, wieder eine Nebenbedingung: *„bei nicht zu hohen Geschwindigkeiten"!* Das sollte bei den Bewegungen von Fußbällen zwar immer der Fall sein. Aber die Aussage zu den Ellipsen sollte eben auch etwas genauer eingeordnet werden. Sehen Sie dazu bitte die Abb. 8.1 mit verschiedenen Bahnkurven, die sich für unterschiedliche Anfangsgeschwindigkeiten ergeben!

Für unsere Überlegungen wollen wir annehmen, dass das Objekt, um das es geht, (ein Ball oder etwas anderes) tangential zur Erdoberfläche abgeschossen worden ist – in einer Höhe von 9 km, damit es nicht gegen den Mount Everest oder einen anderen Berg knallt. Ein Abstand von 9 km ist aber in diesem Zusammenhang immer noch *in der Nähe der Erdoberfläche!*

Bei kleinen Geschwindigkeiten ergibt sich als Flugbahn der Objekte ein Abschnitt einer kleinen Ellipse, in deren

H. Level, *Die unerträgliche Leichtigkeit der Vitamintablette*,
https://doi.org/10.1007/978-3-662-73033-1_8

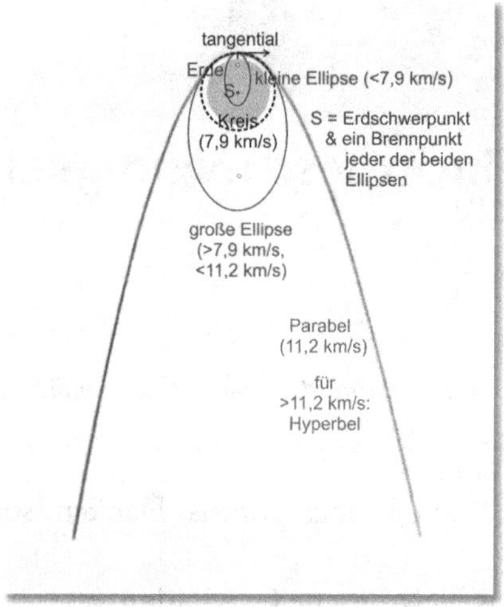

Abb. 8.1 Unterschiedliche Flugbahnen ergeben sich für unterschiedliche Anfangsgeschwindigkeiten eines tangential abgeschossenen Objekts

entferntem Brennpunkt der Schwerpunkt S der Erde liegt. Mit „entfernt" ist hier „entfernt vom Abschusspunkt" gemeint. Und das ist der Ellipsenabschnitt, von dem im Kap. 7 schon die Rede war.

Das Objekt kann dabei nicht die gesamte Ellipse „abfliegen", weil es eben schon kurz nach dem Start wieder auf die Erdoberfläche trifft. Denn die Ellipse verläuft zu einem überwiegenden Teil innerhalb des Erdkörpers.

Bei einer Geschwindigkeit von 7,9 km/s (das sind 28.440 km/h – wow!) beschreibt das Objekt einen Kreis[1] in Bodennähe (hier in 9 km Höhe) mit dem Erdschwerpunkt S als Kreismittelpunkt. Diese Geschwindigkeit wird auch „Startgeschwindigkeit" genannt.

[1] eine Ellipse, bei der beide Brennpunkte identisch sind.

Die Internationale Raumstation ISS mit ihrer Flughöhe von etwa 410 km braucht nicht mehr ganz so schnell zu sein, um auf einer Kreisbahn um die Erde zu bleiben; für die ISS sind es noch 7,7 km/s (27.720 km/h).

Ein typischer geostationärer Satellit hat eine weit größere Flughöhe, nämlich von etwa 36.000 km. Ein solches Objekt muss nur noch mit 3,1 km/s (11.160 km/h) fliegen, um auf seiner Kreisbahn zu verharren.

Bleiben wir aber wieder in 9 km Höhe, also für unsere Aufgabe in Bodennähe! Wenn die Geschwindigkeit auf Werte etwas oberhalb von 7,9 km/s (28.440 km/h) erhöht wird, mutiert der Kreis als spezielle Ellipse wieder zu einer großen, „normalen" Ellipse (mit zwei Brennpunkten). Diesmal ist sie allerdings in den Weltraum ausgedehnt, und der Erdschwerpunkt liegt in dem zum Abschusspunkt nahen Brennpunkt der Ellipse.

Bei einer weiteren Erhöhung der Geschwindigkeit auf exakt 11,2 km/s (das sind 40.320 km/h) öffnet sich die Ellipse zu einer Parabel – nicht die von Messis Flanke, die gar keine Parabel ist, sondern eine wirkliche, weit geöffnete Parabel. Wegen der Öffnung der Kurve kann das Objekt auch niemals zurückkommen. Es verlässt den Gravitationsanziehungsbereich der Erde. Das Objekt flieht quasi. Deswegen heißt diese geschwindigkeit „1. Fluchtgeschwindigkeit".

Bei noch größeren Tangentialabschuss-Geschwindigkeiten als 11,2 km/s wird aus der Parabel (die nur für diese spezielle Geschwindigkeit existiert) eine weite Hyperbel. Aber auch das ist eine geöffnete Kurve, so dass das Objekt auf Nimmerwiedersehen verschwindet (solange dies keine anderen Einflüsse verhindern).

Die 1. Fluchtgeschwindigkeit reicht *nicht* aus, damit das Objekt auch den Gravitationsanziehungsbereich unserer

Sonne verlassen kann. Dafür wäre eine Geschwindigkeit von 43,6 km/s (156.960 km/h) notwendig. Das nennt man die „2. Fluchtgeschwindigkeit". Ganz schön heftig!

Bleiben wir lieber auf der Erde und überlegen uns Lösungen für die hiesigen Probleme!

Wir sind nicht auf der Flucht;
doch wenn: wir müssten uns
extrem beeilen.

9

Schwerelos ist gar nicht schwerelos

Astronaut:innen haben ein Gewicht!

Auf die Frage, was die Formulierung „Astronaut:innen auf der Internationalen Raumstation ISS sind schwerelos" bedeutet, antworten die allermeisten Physik-Erstsemester-Studierenden – also meistens frisch gebackene Abiturient:innen –, dass die Astronaut:innen auf der ISS kein Gewicht (keine Schwere) haben, weil sie so weit von der Erde entfernt sind.

Diese Vorstellung ist aber falsch! Tatsächlich zeigt eine sehr kurze, einfache Rechnung mithilfe des Newtonschen Gravitationsgesetzes, dass diese Raumfahrer:innen noch ein Gewicht / eine Schwere von etwa 88 % des Wertes haben, den sie direkt auf der Erdoberfläche hätten. Schwerelos ist also gar nicht schwerelos!

Dies kann man sich auch intuitiv klar machen. Bei einem Erdradius von 6370 km und einer „Flughöhe" der ISS von ca. 410 km ist die ISS weniger als 10 % des Erdradius' von der Erdoberfläche entfernt. Und wenn die Gravitationskraft so dramatisch mit dem Abstand der beiden sich anziehenden Objekte abnehmen würde, dass nach 410 km kaum noch etwas zu spüren wäre, dann sollte unser Mond

H. Level, *Die unerträgliche Leichtigkeit der Vitamintablette*,
https://doi.org/10.1007/978-3-662-73033-1_9

längst „die unendlichen Weiten“ des Weltraums gefunden haben.

Aber warum sehen wir die Raumfahrer:innen bei Videoübertragungen in der ISS schweben und nicht in eine Richtung fallen? Der Grund dafür ist, dass es eine weitere, gleich große Kraft gibt, die aber nach außen weist – also entgegengesetzt zur Gewichtskraft – und diese somit kompensiert. Zwei gleich starke Kräfte zerren an Raumschiff und Insassen, die eine nach innen/unten, die andere radial vom Erdmittelpunkt nach außen.

Bei dieser zweiten Kraft handelt es sich um die Zentrifugalkraft, die wir alle vom Karussellfahren auf dem Rummelplatz kennen. Die Zentrifugalkraft ist (wie schon in Kap. 3 beschrieben) von der Drehgeschwindigkeit des Objekts (hier Raumschiff und Insassen) und von seinem Abstand zum Zentrum der Drehbewegung (hier dem Erdmittelpunkt) abhängig.

Durch die schnelle Bewegung der ISS mit einer Bahngeschwindigkeit von 7,7 km/s (das sind 27.720 km/h) auf einer Kreisbahn um die Erde mit einem Bahnradius von 6370 km + 410 km zieht eine Zentrifugalkraft Raumschiff und Insassen radial nach außen, die vom Betrage her genauso groß ist wie ihr (88 %-iges) Gewicht. Insgesamt ist Kräftelosigkeit die Folge, die aber leider „Schwerelosigkeit“ genannt wird.

Wenn man sich die wirkliche Bedeutung des Begriffes klar gemacht hat, ist es okay, ihn zu verwenden. Aber zuvor ist Vorsicht geboten.

Würde sich das Raumschiff nicht schnell tangential um die Erde bewegen, sondern nur sein Gewicht wirken, würde das Raumschiff in Richtung auf den Erdmittelpunkt beschleunigt werden, also „fallen“. Infolge der schnellen Tangential-/Horizontalbewegung des Raumschiffs auf der

410 km hohen Bahn *FÄLLT es aber quasi ständig AN DER ERDE VORBEI und um die Erdkugel herum.*

Das Raumschiff scheint so
schwerelos; doch ist es die
Schwere gar nicht los.

10

Die unerträgliche Leichtigkeit der Vitamintablette

vom Auftrieb bei Brausetabletten

Viele Menschen haben Alltagsrituale. Das können völlig sinnfreie Bewegungen sein, etwa dass man sich auf dem Weg nach draußen immer rechts herum aus der Haustür herausdreht. Oder aber es sind Gewohnheiten, denen durchaus ein Sinn zugesprochen werden kann. Dazu gehört vielleicht, sich morgens ein Glas Wasser bereitzustellen und darin eine Vitamin*brause*tablette aufzulösen, um diese Lösung dann zu trinken.

Wenn Sie wie ich auch zu letzteren gehören: Ist Ihnen schon einmal aufgefallen, dass die Tablette erst auf den Boden des Glases sinkt, nach etwa 20 s dann aber an die Oberfläche steigt und dort bleibt, bis sie sich vollständig aufgelöst hat?

Vielleicht möchte man morgens mit solchen schwerwiegenden physikalischen Phänomenen noch gar nichts zu tun haben. Aber irgendwann kommt der Morgen, an dem man sich fragt, wie das denn mit dem zusammenpasst, was man damals in der Schule im Physik-Unterricht gelernt hatte.

Es geht um den so genannten hydrostatischen Auftrieb, die Kraft nach oben, die ein Gegenstand erfährt, der in das

H. Level, *Die unerträgliche Leichtigkeit der Vitamintablette*,
https://doi.org/10.1007/978-3-662-73033-1_10

Wasser gegeben wird. Tatsächlich wird der Wortteil „hydro" aber auch verwendet, wenn es gar nicht um Wasser geht, sondern um eine andere Flüssigkeit. Und derselbe Wortteil wird auch benutzt, wenn es gar nicht um Flüssigkeiten, sondern um Gase geht, zum Beispiel auch um Luft. „Statisch" heißt der Effekt, weil es um Flüssigkeiten oder Gase geht, die nahezu in Ruhe sind.

Wenn Sie sich an die Schulzeit erinnern: War da nicht etwas mit Archimedes? Tatsächlich war oft etwas mit Archimedes – aber bei dem Stichwort „hydrostatischer Auftrieb" auf jeden Fall. Archimedes stellte fest, dass die Kraft, die „Auftrieb" genannt wird und nach oben weist, betragsmäßig genauso groß ist wie das Gewicht des Wasservolumens, das durch den eingetauchten Gegenstand verdrängt wird.

Natürlich hat der Gegenstand selbst auch ein Gewicht, das nach unten gerichtet ist und nicht wie sein Auftrieb nach oben. Für die tatsächliche Bewegungsrichtung des Gegenstands ist somit die Frage ausschlaggebend, ob sein Gewicht größer als sein Auftrieb ist – dann sinkt er bis zum Boden des Gefäßes ab – oder ob der Auftrieb größer als das Gewicht ist – dann steigt der Gegenstand bis an die Flüssigkeitsoberfläche auf (s. Abb. 10.1).

Wenn wir annehmen, dass sich alles in der Nähe der Erdoberfläche abspielt, können wir statt Gewicht auch Masse sagen. Beide Größen hängen über einen Faktor, nämlich die Erdbeschleunigung von ca. 10 m/s^2, zusammen. Wir sollten auch bedenken, dass das Wasservolumen, das der Gegenstand verdrängt, - quasi per Definition – weder kleiner noch größer als sein eigenes Volumen sein kann. Das heißt, dass das verdrängte Volumen des Wassers exakt gleich dem Volumen des Gegenstands ist. Damit läuft der Kräftevergleich zwischen Gewicht und Auftrieb auf einen Vergleich der „Massendichten" hinaus: „Masse pro (gleiches) Volumen" beim Wasser und beim Gegenstand.

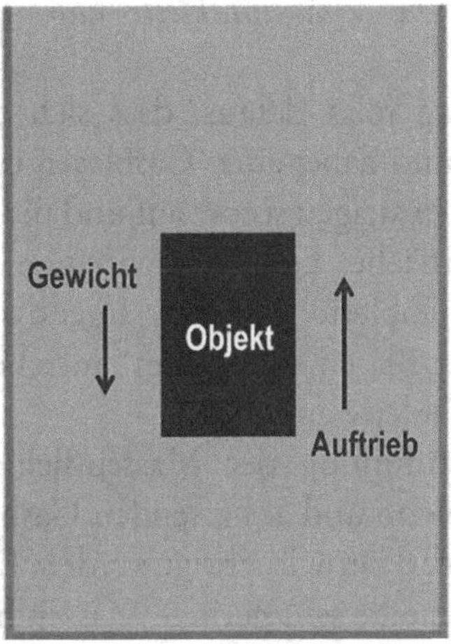

Abb. 10.1 Skizze eines Gegenstands/Objekts im Querschnitt von der Seite, der in eine Flüssigkeit (zum Beispiel Wasser) eingetaucht und dann losgelassen wurde

Ist die Massendichte des Gegenstands größer als die von Wasser, wird der Gegenstand im Wasser zu Boden sinken. Ist die Massendichte des Gegenstands kleiner als die von Wasser, wird der Gegenstand bis zur Wasseroberfläche aufsteigen.

Warum kann es dann sein, dass die Vitamintablette erst absinkt und dann aufsteigt? Es ist unerträglich, dass so eine Vitamintablette meint, die physikalischen Gesetze missachten zu dürfen! Oder ist die physikalische Situation hier einfach komplizierter?!

Erst absinken, dann aufsteigen … das sollte eigentlich nur möglich sein, wenn die Tablette von außen nach innen eine abnehmende Dichte aufweist und sich so mit der Zeit die Gesamtdichte – ich könnte auch sagen die „mittlere Dichte" – verkleinert. Aber so werden Vitamintabletten nicht gemacht. Das wäre viel zu teuer. Sie werden aus einer einzigen Substanz gepresst und haben daher auch überall dieselbe Massendichte.

Wieso steigt die Vitamintablette also (erst) nach etwa 20 s auf?

Die Erklärung folgt daraus, dass sich die Tablette im Wasser auflöst und dabei auch Gasblasen entstehen. Nicht alle der Gasblasen steigen sofort auf und platzen bald an der Flüssigkeitsoberfläche. Es gibt auch einen Anteil, der erst einmal an der Tablette anhaftet. Irgendwann lösen sich dann auch diese Blasen ab; aber es entstehen neue, die an der restlichen Tablette anhaften.

Für die Bestimmung der Massendichte des „Gegenstands" aus Tablette und anhaftenden Gasblasen muss also eine Art Mittelwert berücksichtigt werden. Die anhaftenden Gasblasen haben eine sehr geringe Massendichte, der reine, feste Tablettenrest hat immer dieselbe relativ hohe Dichte, egal wie klein die Tablette schon geworden ist. Wegen der Blasen ist der Mittelwert immer kleiner als der der reinen Tablette.

Zunächst ist die Tablette noch relativ groß und der Mittelwert der Dichte noch größer als die Wasserdichte. Im Laufe der Zeit, in der sich die Tablette auflöst, verschiebt sich der Mittelwert immer mehr in Richtung der kleinen Dichte der anhaftenden Gasblasen. Das bedeutet aber auch, dass der Mittelwert irgendwann[1] unter den Wert der Massendichte des Wassers sinkt. Dann ist das Gewicht der Resttablette mit anhaftenden Gasbläschen kleiner als der Auftrieb; sie steigt auf und bleibt an der Oberfläche, bis sich die Tablette ganz aufgelöst hat.

Ein Gruß von Archimedes gleich am Morgen!

Archimedes wusste schon:
auf die Dichten kommt es an,
soll eins im ander'n schwimmen.

[1] typischerweise nach etwa 20 s bei üblichen Tabletten mit 2,5 cm Durchmesser und 0,5 cm Dicke.

11

„Wenn der Ballon aber nun ein Loch hat, …"

Das Loch unten am Heißluftballon (s. Abb. 11.1) muss sein!

Wir sind wieder bei Archimedes und dem hydrostatischen Auftrieb, obwohl es hier gar nicht um Wasser, sondern um Luft und das Brennergas des Heißluftballons geht. Richtiger wäre also aerostatischer Auftrieb; aber auch das trifft es nicht ganz.

Bei einem Heißluftballon wird die Luft im Ballon durch Gasbrenner erwärmt. Das kann eine ganze Zeit (viele Minuten) dauern. Irgendwann richtet sich der Ballon auf und hebt – wenn er nicht festgehalten wird – mitsamt dem Korb darunter und den Menschen im Korb ab.

Durch das Loch unten am Ballon strömt zum einen das heiße Brennergas in den Ballon. Aber zum anderen entweicht dadurch auch heiße Luft aus dem Ballon. *Und das ist gut so!*

Durch die Erhitzung der Luft im Ballon steigen die Bewegungsenergie und der Impuls der Luftmoleküle im Ballon an. Die Luftmoleküle „zappeln" mehr hin und her und stoßen „mehr" miteinander. Das führt dazu, dass der Luft-DRUCK im Ballon zunächst höher ist als außerhalb des Ballons. Aber dadurch wird auch Luft aus dem Ballon

H. Level, *Die unerträgliche Leichtigkeit der Vitamintablette*,
https://doi.org/10.1007/978-3-662-73033-1_11

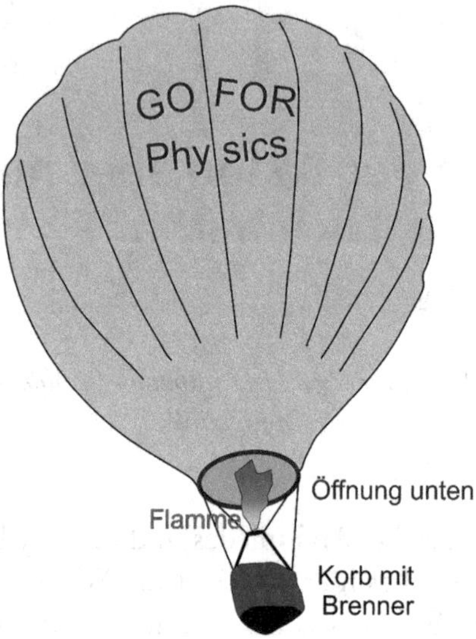

Abb. 11.1 Zeichnung eines Heißluftballons

durch die Öffnung unten am Ballon herausgeDRÜCKT. Das wiederum hat zur Folge, dass die Luft*dichte* im Ballon kleiner wird als die außerhalb des Ballons.

Nun sind wir bei Archimedes! Der Ballon mit seiner geringeren Luft*dichte* erfährt einen statischen Auftrieb. Und wenn diese Auftriebskraft groß genug ist, kann die Luft im Ballon sogar das Gewicht der Ballonhülle und des Korbs mit Menschen darin tragen, so dass alles aufsteigt.

Jeder von uns kennt den Spruch: *Warme Luft steigt nach oben!* Aber diese Aussage ist eben nur dann richtig, wenn mit der Erwärmung der Luft auch eine Abnahme ihrer Luftdichte verbunden ist, wie es beim Heißluftballon durch das Loch unten am Ballon gewährleistet ist.

Nehmen wir an, dass Material der Ballonhülle wäre nicht elastisch, und der Ballon wäre vollständig geschlossen. Und man würde es irgendwie schaffen, die Luft im Ballon aufzuheizen (zum Beispiel durch so etwas wie eine elektrische Heizspirale in der Mitte des Volumens). Dann würde der Ballon dennoch nicht aufsteigen. Denn die Luft im Ballon wäre dann zwar heißer, der Luftdruck höher, aber die Luft*dichte* eben nicht geringer, sondern genauso wie außen. Der Ballon würde nicht aufsteigen.

Wie gut, dass das Loch da ist!

Im Eimer mag ein
Loch sein; doch besser ist es
unten im Ballon.

12

Fallschirmspringer & Elektronen

das Luftkissen durch Reibung beim Fallschirmsprung

Fallschrimspringer:innen berichten immer wieder von dem schönen Gefühl der Schwerelosigkeit in den ersten Sekunden während des Sprungs. Das ist seltsam; denn sie fallen ja nur deshalb, weil sie ein Gewicht, also eine „Schwere", haben. Sie spüren diese Schwere anfangs nur nicht, weil sie von ihrem Gewicht (glücklicherweise) nicht gegen irgendeinen Boden gedrückt werden, wie wir es sonst aus unserem normalen Alltag kennen.

Durch ihr Gewicht werden die Fallschirmspringer:innen zunächst beschleunigt; die Beschleunigung führt zu einer ansteigenden Geschwindigkeit. Aber irgendwann ist die Beschleunigung Null, und die Geschwindigkeit bleibt bei etwa 200 km/h konstant.

Woher kommt das? Nun, eigentlich haben wir es mit drei Kräften zu tun (s. Abb. 12.1): dem Gewicht, dem hydro-/aerostatischen Auftrieb und der Kraft infolge der Reibung des Körpers mit den Luftmolekülen. Die erste Kraft weist nach unten, die anderen beiden nach oben. Die Reibungskraft ist in den ersten Augenblicken noch klein; aber sie wird mit zunehmender Fallgeschwindigkeit größer. Irgendwann (nach wenigen Sekunden) ist sie so groß, dass sie

H. Level, *Die unerträgliche Leichtigkeit der Vitamintablette*,
https://doi.org/10.1007/978-3-662-73033-1_12

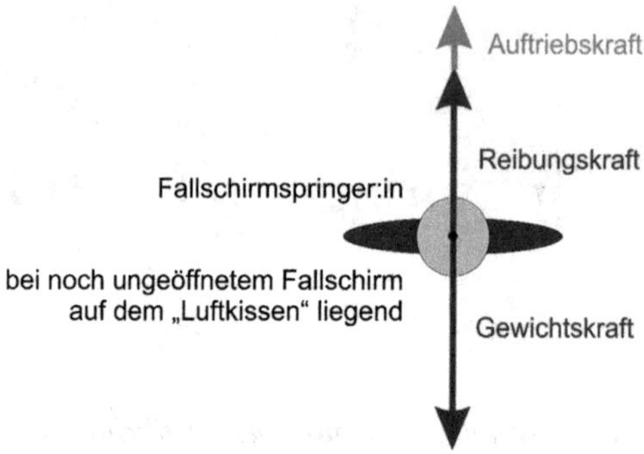

Abb. 12.1 Grobe Skizze einer Fallschirmspringer:in (von der Seite auf Kopf und Schultern geblickt), die auf einem Luftkissen liegt, was durch die Luftreibung entstanden ist. Der Fallschirm ist noch nicht geöffnet.

zusammen mit der Auftriebskraft das Gewicht vollständig kompensiert.

Die Gesamtkraft ist dann Null. Kraft ist Masse x Beschleunigung. Also ist dann auch die Beschleunigung Null. Die Fallgeschwindigkeit wird nicht mehr größer; sie bleibt bei ≈200 km/h konstant.

Auf diesem Prinzip beruhend, kann die Viskosität (Zähflüssigkeit) von unbekannten Flüssigkeiten gemessen werden. Denn in die Reibungskraft geht auch die Viskosität der Flüssigkeit oder des Gases ein. Wenn der Fall einer Kugel in dieser Flüssigkeit genau vermessen wird und alle anderen Parameter bekannt sind, kann daraus die Viskosität berechnet werden.

Wenn man von der Auftriebskraft absieht, gibt es bei der Bewegung von freien Elektronen längs eines Drahts eine ähnliche Situation. An sich müssten die Elektronen aufgrund der angelegten elektrischen Spannung immer weiter beschleunigt werden. Das heißt, sie müssten eigentlich immer schneller werden. Aber ihre Maximalgeschwindigkeit, die sie nach weniger als einer Mikrosekunde erreichen, liegt bei nur einigen mm/s (so langsam sind Elektronen in einem Draht!). Das rührt daher, dass die Elektronen auf ihrem Weg durch den Draht mit den anderen negativ geladenen Elektronen und den positiv geladenen Atomrümpfen[1] elektrisch wechselwirken (das heißt, sich abstoßen oder sich anziehen). Und diese Wechselwirkung behindert die Bewegung, bremst also die freien Elektronen ab. Die elektrische Wechselwirkung stellt in diesem Zusammenhang eine Reibungskraft dar.

Wenn die Maximalgeschwindigkeit der freien Elektronen im Draht erreicht ist, geht die gesamte elektrische Leistung nur noch in die Reibung, was den Draht erhitzt. Man spricht von „Verlustwärme“. Nun könnte man auf die Idee kommen, die angelegte Spannung einfach abzuschalten, weil sie ja nur noch zur Reibung beiträgt, aber nicht mehr zur Beschleunigung. Dann allerdings würde die Reibung dazu führen, dass die Elektronen in Drahtrichtung vollständig[2] zum Stillstand kämen, so dass der Stromfluss versiegen würde. Das bringt es also auch nicht!

Das Elektron,
man glaubt es kaum, erfüllt des
Fallschirmspringers Traum.

[1] Atome ohne ihre frei gewordenen Elektronen

[2] Allerdings hätten sie noch eine statistische, thermische Bewegung – ähnlich der Brownschen Molekularbewegung.

13

Reynolds und die Nasenscheidewand

Turbulenzen in der Nase

70 % aller Menschen in Deutschland – so wird geschätzt – haben eine Nasenscheidewand-Verkrümmung. Viele von ihnen wissen das gar nicht und leben gut damit. Aber ca. 20 % aller Menschen in Deutschland (und damit 29 % von denjenigen mit Nasenscheidewand-Verkrümmung) haben dadurch so starke Einschränkungen beim Atmen, dass es ihren Alltag negativ beeinflusst, … dass sie zum Beispiel nicht sehr weit laufen können, ohne außer Atem zu kommen.[1]

Wenn die Nasenscheidewand verkrümmt ist, bedeutet das üblicherweise, dass eines der beiden Nasenlöcher zu eng und das andere zu weit ist. Dass diese Menschen zu wenig Luft durch das zu enge Nasenloch bekommen, sollte erwartet werden können. Erstaunlicherweise berichtet ein Teil dieser Leute (ich gehöre leider auch dazu), dass sie auch durch das zu weite Nasenloch zu wenig Luft erhalten. *Wie kann das sein? Ist das nur ein subjektiver Eindruck? Wir kommen gleich zu dieser Frage zurück!*

---

[1] ohne andere Erkrankungen zu haben, die auch dafür verantwortlich sein könnten

H. Level, *Die unerträgliche Leichtigkeit der Vitamintablette*,
https://doi.org/10.1007/978-3-662-73033-1_13

Jedes Themengebiet innerhalb der Physik hat seine eigenen Sprechweisen entwickelt. Das hat damit zu tun, dass Physiker:innen üblicherweise nur in einem begrenzten Themengebiet arbeiten und so die Sprechweisen der anderen Gebiete kaum verinnerlichen, so dass es selten zu einer Angleichung der Sprechweisen kommt. Das hat aber auch mit den inhaltlichen Besonderheiten zu tun. Ein bestimmtes Themengebiet erfordert eventuell ein eigenes Herangehen an die Beschreibung.

Ein Extrembeispiel hierfür ist die Strömungsphysik. Wie sollen allgemeine Gesetzmäßigkeiten gefunden werden, wenn es einmal um Flüssigkeits- und ein anderes Mal um Gasströmungen geht? Selbst wenn es sich nur um Flüssigkeiten handeln sollte, könnte man wohl erwarten, dass sich Honig im Detail ganz anders verhält als Wasser. Und ist die Situation anders, wenn es um langsame statt um schnelle Strömungen geht? Verhält sich die Strömung anders, je nachdem ob sie längs eines Rohres oder zwischen zwei Wänden stattfindet? Fragen über Fragen!

Nun ist das Wesen und der Sinn der Naturwissenschaften gerade zu versuchen, möglichst viele Situationen und Phänomene auf einige wenige Gesetzmäßigkeiten zurückzuführen. Aber wie kann dies in der Strömungsphysik bei der Vielzahl von Variationen von Strömungen erreicht werden?

Aus dieser Überlegung heraus sind in der Strömungsphysik in den letzten ca. 150 Jahren einige Kennzahlen herausgearbeitet worden, mit denen Strömungen beschrieben werden können. Haben zwei Strömungen in dem einen oder anderen Zusammenhang dieselbe Kennzahl – und seien die Strömungen scheinbar noch so unterschiedlich –, verhalten sich die beiden Strömungen mindestens in diesem Zusammenhang gleich.

Die Knudsen-Zahl[2] *Kn* zum Beispiel, die allerdings nur bei Gasen relevant ist, gibt eine Auskunft darüber, ob das strömende Gas in seinem Verhalten eher als kontinuierliches Medium oder als eine Ansammlung von einzelnen Gasmolekülen aufzufassen ist. Ist die Knudsen-Zahl sehr viel größer als 1 ($Kn \gg 1$), verhält sich die Strömung wie die eines wenig dichten Gases, eines Mediums aus einzelnen Molekülen. Gilt demgegenüber $Kn \ll 1$, kann das Gas als kontinuierliches Medium interpretiert werden.

Eine andere Kennzahl, die aber sowohl für Gase als auch für Flüssigkeiten relevant ist, stellt die Reynolds-Zahl *Re* dar, benannt nach dem nordirischen Physiker Osborne Reynolds (1842–1912). Sie ist für unsere Erklärung hier die wichtige Kennzahl. Sie verrät etwas darüber, ob eine Strömung turbulent oder laminar ist. Laminar bedeutet, dass es keine Verwirbelungen in der Strömung gibt … man könnte auch sagen, dass benachbarte Moleküle auf ihrem gesamten Weg in der Strömung auch nahezu benachbart bleiben und nicht voneinander weggewirbelt werden.

Die Reynolds-Zahl wird in der angewandten Strömungsphysik viel verwendet; sie hat eine starke Aussagekraft darüber, ob sich zwei Strömungen gleich verhalten, nicht nur, aber auch was die Bildung von Wirbeln angeht. Sind ihre Reynolds-Zahlen gleich, verhalten sich die beiden Strömungen gleich.

Stellen Sie sich bitte vor, ein neues Kreuzfahrtschiff soll gebaut werden! Natürlich wäre es viel zu teuer, das ganze Schiff in voller Größe zu bauen, um dann bei Tests womöglich leider feststellen zu müssen, dass es sich im Wasser viel zu instabil verhält, also etwa ganz schnell zur Seite kippt. So wird erst einmal ein vielleicht 2–5 m langes Modell erstellt und im Wasserkanal getestet. Aber kann man sicher sein, dass sich dann auch das große Schiff so verhält wie das

---

[2] nach Martin Knudsen (1871–1949)

kleine Modell? Ja, man kann, solange die Reynolds-Zahlen beider Strömungssituationen gleich sind![3]

In die Reynolds-Zahl gehen proportional die Massendichte des strömenden Mediums, die Strömungsgeschwindigkeit und eine „charakteristische Länge" des Objekts (wie die Schiffslänge) ein. Wenn mindestens eine dieser Größen ansteigt, wächst auch die Reynolds-Zahl. Als vierte physikalische Größe kommt umgekehrt proportional die Viskosität (die Zähflüssigkeit oder Zähigkeit) des strömenden Mediums hinzu. Die Reynolds-Zahl sinkt, wenn die Viskosität steigt.

Die „charakteristische Länge" ist ein seltsames Ding: Bei einem Schiffsrumpf im Wasserkanal geht es um die Längsausdehnung. Bei einem Nasenloch kommt es auf den Querdurchmesser an. Je nach Objekt und Situation ist also eine andere Länge *charakteristisch*. Das macht die überaus spannende Strömungsphysik ein bisschen zu so etwas wie Alchemie und schreckt leider viele Studierende ab.

Es gibt eine so genannte „kritische Reynolds-Zahl", das heißt einen Umschlagpunkt in den Parametern der Anordnung zwischen laminarer und turbulenter Strömung. Bei Strömungen in Rohren beträgt diese kritische Reynolds-Zahl etwa 2300.[(4)] Unterhalb von ≈ 2300 ist die Strömung laminar, oberhalb davon turbulent.

Nun endlich zurück zum Thema *Nasenscheidewand-Verkrümmung!* Leider gibt es nicht viel physikalisch-wissenschaftliche Literatur zum Thema Luftströmung in die Nase beim Einatmen. Strömungsphysiker:innen sind wohl eher selten an der Nase interessiert und Hals-Nasen-

[3] Für die weitere Erklärung ist dies nicht unbedingt wichtig. Ich möchte an dieser Stelle aber doch kurz erwähnen, dass die Strömungsgeschwindigkeit in einem Wasserkanal um einen bestimmten Faktor erhöht werden muss, um mit dem kleinen Schiffsmodell auf dieselbe Reynolds-Zahl zu kommen wie im „richtigen Leben". Wenn es so eingestellt worden ist, sind die Situationen vergleichbar.

[4] solange die Rohrinnenwand nicht zu glatt ist

Ohren-Ärzt:innen wohl eher selten an der Strömungsphysik. Deswegen ist alles Folgende mit einer gewissen Unsicherheit behaftet. Eine bessere Datenlage wäre hilfreich.

Anscheinend kann die Strömung in der Nase zumindest in erster Näherung als eine Rohrströmung aufgefasst werden. *Eine normale Strömung durch eine gesunde Nase* weist demnach für beide Nasenlöcher eine Reynolds-Zahl dicht unterhalb von 2300 auf, ist also laminar. Das erlaubt glücklicherweise einen guten Luftstrom durch die Nase in die Lungen.

Eine Nase *mit* Nasenscheidewand-Verkrümmung hat – wie oben schon erwähnt – oft ein zu enges und ein zu weites Nasenloch. In dem zu engen Nasenloch ist die Reynolds-Zahl zwar weiterhin unterhalb von 2300, wie es bei einem gesunden Nasenloch der Fall wäre. Das heißt, die Strömung durch dieses Nasenloch sollte im Allgemeinen laminar sein; aber wegen der Enge des Lochs kommt pro Sekunde nicht genügend Luft hindurch.

Die Strömung durch das zu weite Nasenloch hat demnach eine Reynolds-Zahl oberhalb von 2300. Dadurch ist die Strömung durch dieses Nasenloch turbulent. Die entstehenden Wirbel verhindern, dass genügend Luft pro Sekunde durch das Nasenloch strömt. Die Luft behindert ihre eigene Bewegung durch die Bildung von Wirbeln. Das ist nicht fair; aber es ist Physik.

Für die ganz Neugierigen seien hier noch drei weitere Aspekte erwähnt, die die Situation leider noch komplizierter machen:

(a) Beschrieben durch das Gesetz von Bernoulli, sollte die Strömungsgeschwindigkeit infolge einer Verengung in einem Rohr erhöht werden. Durch die *Verengung in dem zu engen Nasenloch* wird also durchaus die Strömungsgeschwindigkeit erhöht. Und das kann im Extremfall dazu führen, dass auch in diesem zu engen Nasenloch die kritische Reynolds-Zahl überschritten wird, so dass auch hier die Strömung turbulent wird.

(b) Dass die Luftströmungen durch eine gesunde Nase für beide Nasenlöcher anscheinend eine Reynolds-Zahl dicht unter 2300 aufweisen (das Optimum im Sinne des Atmens), ist ein Indiz dafür, dass die Evolution hier ein vorläufiges Optimum erreicht hat. Verbesserungen wären nur durch eine zweite oder dritte Nase zu erzielen. Daran müssten wir uns alle aber wohl auch erst gewöhnen.

(c) Eigentlich ist die Situation sogar noch komplizierter, weil die Nase von vorne nach hinten verschiedene Bereiche mit unterschiedlichen Durchmessern hat.

Die Nase hängt so
still am Kopf; doch kann sie sein
sehr turbulent.

14

Bernoulli gegen die Intuition

Strömungsphysik ist nicht immer anschaulich!

Zum Verständnis physikalischer Phänomene ist es durchaus sinnvoll zu versuchen, eine *anschauliche* Erklärung zu entwickeln. Doch manchmal ist dieses Vorgehen geradezu hinderlich. So ist die Quantenphysik dafür bekannt, *un*anschaulich zu sein. Richard Phillips Feynman (1918–1988) hat sinngemäß einmal gesagt, dass jeder, der glaube, die Quantenphysik verstanden zu haben, tatsächlich gar nichts verstanden hätte.

Nun muss nicht unbedingt erst die Quantenphysik bemüht werden, um an physikalische Phänomene zu geraten, die der Anschauung geradezu diametral widersprechen. Die Strömungsphysik ist ein solches Themengebiet in der Physik, bei dem man mit der Anschauung nicht unbedingt weiterkommt.

Ganz speziell meine ich hier das Gesetz von Daniel Bernoulli (1700–1782), das etwas weiter unten formuliert werden soll und sich mit den Drücken in Strömungen befasst. Dieses Gesetz kann auf sehr viele Situationen mit strömenden Gasen und Flüssigkeiten, beides zusammen „Fluide" genannt, angewandt werden. Aber hier wollen wir der Einfachheit halber an horizontale Strömungen durch ein mas-

H. Level, *Die unerträgliche Leichtigkeit der Vitamintablette*,
https://doi.org/10.1007/978-3-662-73033-1_14

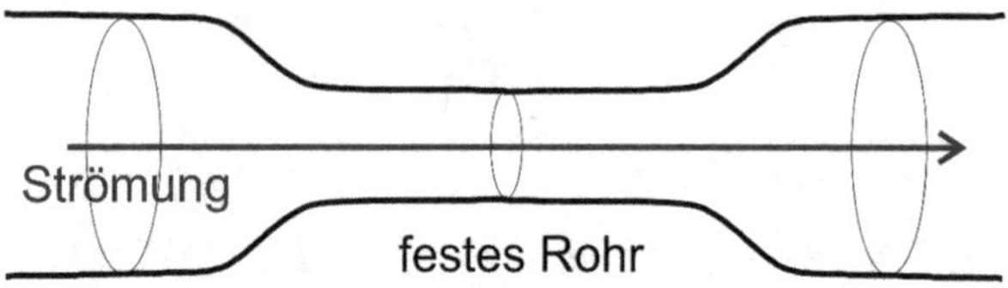

Abb. 14.1 Skizze eines horizontalen Rohres, das in der Mitte eine Verjüngung/Verengung aufweist

sives Rohr denken. Dieses Rohr soll etwa in der Mitte seiner horizontalen Längsausdehnung eine Verengung aufweisen, wie in Abb. 14.1 skizziert.

Schon die Herleitung des Bernoulli-Gesetzes enthält ein Zwischenergebnis, das verblüffend ist: *in der Verengung strömt das Fluid schneller als davor und danach*. Als Autofahrer:innen haben wir wahrscheinlich alle schon einmal in einem Stau gestanden oder zumindest sehr zähflüssigen Verkehr an einer Baustelle erlebt, an der die Anzahl der Fahrspuren von 3 auf 2 reduziert wurde. Wir wissen, dass der Verkehr an diesen Stellen langsamer wird. Natürlich ist die Ansammlung von Kraftfahrzeugen kein Gas und keine Flüssigkeit, so dass eine Übertragung auf den Straßenverkehr nicht selbstverständlich ist! Aber wenn wir es dann doch einmal wagen: laut der Herleitung der Bernoulli-Gleichung sollte die Geschwindigkeit an der Verengung größer werden. Ich werde darauf noch zu sprechen kommen.

Das Endergebnis der Herleitung, eben das Gesetz von Bernoulli, geht noch einen Schritt weiter. In seiner Grundform besagt es, dass der *Gesamtdruck in einem strömenden Fluid konstant* ist und sich in einem horizontalen Rohr aus zwei Anteilen zusammensetzt: zum einen aus dem „statischen Druck", der mit der wärmebedingten Bewegung[1] der Fluidteilchen untereinander und gegen die Rohrwand ein-

[1] also mit der „Brownschen Molekularbewegung"

hergeht, zum anderen aus dem so genannten „Staudruck", der umso größer wird, je größer die Strömungsgeschwindigkeit ist.

Stellen Sie sich bei dem Wort „Staudruck" ruhig eine Holzplatte vor, die Sie bei heftigem Sturm gegen den Wind halten. Die Luft staut sich vor der Platte. Je größer die Windstärke, desto größer ist die Kraft, die die Platte erfährt und die Sie selbst aufbringen müssen, um die Platte stillzuhalten. Mit dieser Kraft auf die Fläche der Platte ist ein Druck verbunden, eben der „Staudruck".

Nehmen wir wieder das Beispiel einer Strömung im festen, horizontalen Rohr mit Verengung! Staudruckerhöhung bei Geschwindigkeitserhöhung an der Verengung hört sich anschaulich an. Wir dürfen an dieser Stelle aber nicht vergessen, dass der Gesamtdruck nach Bernoulli über der gesamten Rohrlänge konstant bleibt.[2] Das bedeutet, dass der statische Druck an der Verengung zwangsläufig sinkt. Das wiederum heißt, dass es an der Verengung zu einem Sog (einer Abnahme des statischen Drucks) kommt. *Die Fluidmoleküle benutzen also an der Verengung einen geringeren Anteil ihrer Bewegungsenergie für das „Herumzappeln" und einen größeren für das Geradeausströmen.*

Wegen des Sogs können auch andere Fluide durch ein mögliches kleines Loch in der verengten Wand angesaugt werden, wie es zum Beispiel bei den im Chemie-Schulunterricht beliebten Wasserstrahlpumpen der Fall ist. Der Druck, der an der Verengung auf die Umgebung ausgeübt wird, ist nicht größer, sondern kleiner als an den Rohrstellen ohne Verengung.

Schlimm genug für alle, die nach Anschauung suchen! Aber jetzt kommt es noch dicker: Die Bernoulli-Gleichung ist enthalten in einer umfangreicheren Gleichung, der so genann-

---

[2] Übrigens: Basis für dieses Ergebnis ist der Energieerhaltungssatz. Er sorgt hier für die Konstanz des Gesamtdrucks.

ten Navier-Stokes-Gleichung, die die allermeisten Fälle der Strömungsphysik beschreibt. Sie gehört zu den kompliziertesten Gleichungen der Physik überhaupt … mit sehr unterschiedlichen Lösungen (Strömungsarten) je nach Situation. Bis heute ist nicht einmal bekannt, ob für diese Gleichung so genannte „analytische Lösungen" angegeben werden können, das heißt, ob statt Computer-berechneter numerischer Lösungen auch Funktionen (Formeln) angegeben werden können. Diese Frage gehört zu den Millennium-Problemen der Mathematik. Sie können sich 1 Mio. US$ beim Clay Mathematics Institute (CMI) in Cambridge (Massachusetts) verdienen, wenn Sie diese Frage eindeutig bejahen oder verneinen und das auch noch beweisen können.

Aber worauf möchte ich hier hinaus? Obwohl oben von Beispielen die Rede war, wo unserer Alltagserfahrung aus dem Straßenverkehr durch die Bernoulli-Gleichung bzw. die Navier-Stokes-Gleichung widersprochen wird, kann der *fließende* Straßenverkehr recht gut durch die Navier-Stokes-Gleichung beschrieben werden. So kann zum Beispiel numerisch berechnet werden, dass die beste Geschwindigkeit bei sehr dichtem mehrspurigem Verkehr auf typischen deutschen Autobahnen bei etwa 65 km/h liegt, wenn der Durchsatz an Fahrzeugen maximiert werden soll.

Wie ist es denn nun? Sollte man die Navier-Stokes-Gleichung verwenden, um den Straßenverkehr zu beschreiben oder eben nicht, wie die Eingangsbeispiele zeigten. Das wichtige Adjektiv im letzten Absatz war *„fließend"*. Bei *fließendem* Verkehr verhält sich die Ansammlung von Fahrzeugen wie ein zusammenhängendes Medium, ein Kontinuum, ein Fluid, und die Navier-Stokes-Gleichung beschreibt die Situation relativ gut. Wenn der Verkehrsstrom ins Stocken kommt, macht sich der granulare Charakter des „Fluids" bemerkbar … Auto an Auto. Dann helfen Bernoulli und Navier-Stokes nicht mehr weiter.

Manches ist schlicht schwierig und nicht unbedingt anschaulich!

Bernoulli lehrt uns
umzudenken; wen'ger Platz,
schnell die Strömung macht.

Und wenn es schnell wird,
sinkt der Druck. Wer hätte das
naiv gedacht?

15

„Draußen gibt's nur Kännchen!"

wie sich „Bernoulli" bei Kaffeekännchen auswirkt

Heute ist dem wohl kaum noch so. Aber wenn man früher draußen in einem Straßencafe eine Tasse Kaffee trinken wollte, hörte man von den Kellnerinnen und Kellnern gebetsmühlenartig den Satz: „Draußen gibt's nur Kännchen!" Vermutlich wollten sich die Betreiber:innen der Cafes auch damit den Mehraufwand mit der Bestuhlung und der Bedienung draußen vergüten lassen.

Für an Physik Interessierte war das aber gar nicht schlecht. Denn hier konnte man folgendes bewundern: Egal wie vorsichtig man den Kaffee aus dem Kaffeekännchen in die Tasse schüttete oder wie vorsichtig man die Milch aus dem Milchkännchen in die Tasse schüttete, es gab immer Tropfen des Kaffees oder der Milch, die nicht vertikal nach unten in die Tasse fielen, sondern quasi an dem Kännchen anhafteten und dort hinunterliefen – wenn man das Kännchen nicht stark, sondern nur leicht schräg hielt. *Wie kann das sein?*

In der Physik nennen einige Menschen dieses Phänomen, dass Tropfen die Tendenz haben, an einer nahen konvexen Oberfläche (hier die des bauchigen Kännchens oder seines Halses) anzuhaften und entlangzulaufen, den

H. Level, *Die unerträgliche Leichtigkeit der Vitamintablette*,
https://doi.org/10.1007/978-3-662-73033-1_15

Coandă-Effekt, benannt nach dem rumänischen Physiker Henri Marie Coandă (1886–1976).

Der Coandă-Effekt wird oft mit der Adhäsion (dem Kleben) der Flüssigkeitsmoleküle an den Molekülen des Kännchens erklärt, die bei wasserhaltigen Flüssigkeiten wegen der unsymmetrischen Verteilung der elektrischen Ladungen in den Wassermolekülen sogar besonders stark ist. Aber das ist nur ein Teil der Erklärung, vermutlich sogar der unwichtigere. Denn der Coandă-Effekt stellt im Wesentlichen eine Ausprägung des Bernoulli-Effekts dar: Wenn das Kännchen stark gekippt ist, bestimmt nur das Gewicht der strömenden Flüssigkeit (hier Kaffee oder Milch) das Geschehen, und es gibt einen Flüssigkeitsstrahl vertikal nach unten. Wenn aber das Ausgießen gerade begonnen oder beendet wird, ist das Kännchen kaum gekippt. *Fast überall* um den Flüssigkeitsstrahl herum ist Luft, die für den Strahl keine Einengung bedeutet. So weit, so gut!

Aber an der Seite mit dem Ausgießhals des Kännchens erfährt der Flüssigkeitsstrahl (außer der Adhäsion) auch eine Einengung des Strömungskanals – eben durch den Hals des Kännchens, der quasi im Weg ist. Das führt *einseitig am Flüssigkeitsstrahl* nach Bernoulli zu einer Erhöhung der Strömungsgeschwindigkeit und in der Folge zu einer Druckabnahme, durch die der Strahl zu dem Hals des Kännchens gesogen und damit umgelenkt wird.

Man könnte auch sagen, es handele sich um eine Rohrströmung, nur dass das Rohr nicht den gesamten Flüssigkeitsstrahl umschließt, sondern nur an einer Seite des Strahls vorhanden ist und ihn dort einengt.

Alles Strömungsphysik!

Bernoulli und Coandă
gehen Hand in Hand; d'rum hängen
Tropfen an dem Kännchen-Rand.

16

Der tanzende Tischtennisball

Mit „Bernoulli" wird ein Tischtennisball vom Luftzug gehalten.

Wenn Sie einen Föhn haben (dessen Luftausströmdüse nicht gerade einen festen Steg in der Mitte aufweist), sollten Sie einmal folgendes ausprobieren: Schalten Sie den Föhn ein und richten Sie die Düse nach oben! Dann können Sie einen Tischtennisball auf den Luftstrom legen. Der Ball wird nicht herunterfallen. Selbst wenn er ein bisschen zur Seite auswandert, wird er vom Luftstrom immer wieder in die Mitte des Stroms zurückgeholt, angedeutet in Abb. 16.1. Das geht so weit, dass Sie den Föhn sogar deutlich zur Seite neigen können, und trotzdem wird der Ball weiter im Zentrum des Luftstroms tanzen.

Das ist nichts anderes als das Gesetz von Bernoulli, auch wenn es hier nicht um eine Strömung in einem Rohr geht! Das Gesetz besagt, dass der statische Druck dort abnimmt, wo die Strömungsgeschwindigkeit – *warum auch immer*[1] – erhöht wird.

Nehmen wir für die Erklärung zunächst an, dass der Tischtennisball mit seiner vertikalen Symmetrieachse genau auf der Mittelachse des Luftstroms liegt (links in Abb. 16.1).

[1] Es muss sich nicht um eine Rohrverengung handeln!

H. Level, *Die unerträgliche Leichtigkeit der Vitamintablette*,
https://doi.org/10.1007/978-3-662-73033-1_16

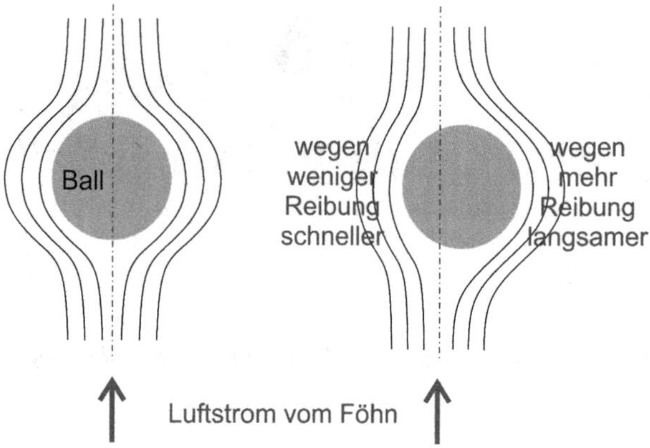

Abb. 16.1 Skizzen im Querschnitt von der Seite zu einem Tischtennisball, der oberhalb eines Föhns im Luftstrom tanzt

Äquivalente Luftströmungslinien werden – in jeder seitlichen Richtung zum Ball geguckt – exakt die gleiche Weglänge um den Ball haben, exakt dieselbe Gesamtreibung erfahren und dadurch genau dieselbe Strömungsgeschwindigkeit haben.

Wenn der Ball nun aber zufällig – zum Beispiel durch ein Staubkorn, was ihn ein wenig schubst – *zu einer Seite auswandert* (rechts in Abb. 16.1), bedeutet das für die Luft auf den Strömungslinien folgendes: Die Luft weiter außen hat nun den Ball quasi ein wenig mehr im Weg und muss einen längeren Weg um den Ball zurücklegen. Dabei wird sie durch mehr Reibung mehr abgebremst und so langsamer als die Luft weiter im Zentrum. Das bedeutet einen größeren statischen Druck als im Zentrum. Die Luft in der Mitte der Anordnung wird einen nicht ganz so weiten Weg wie zuvor um den Ball nach oben zurücklegen müssen, dadurch weniger Reibung an dem Ball erfahren und somit weniger abgebremst werden. „Weniger abgebremst" bedeutet „schneller", und das bedeutet nach Bernoulli einen geringeren statischen Druck als außen, also einen Sog. In der Folge wird der Tischtennisball vom Luftstrom von außen nach innen gedrückt und von innen zur Mitte gesogen. So stabilisiert sich seine Lage im Zentrum des Luftstroms. Auch wenn der Föhn mit dem Tischtennisball leicht schräg gehalten wird, greift die Erklärung noch, bevor die Gewichtskraft zu sehr ins Spiel kommt.

Auch für den tanzenden Tischtennisball wird als Erklärung gerne der Coandă-Effekt (Kap. 15 „Draußen gibt's nur Kännchen!") angegeben, der ja selbst eine Folge des Bernoulli-Effekts ist. Aber hierbei ist der Coandă-Effekt nur ein Nebeneffekt. Er sorgt dafür, dass sich die Stromlinien nicht schon am Bauch des Tischtennisballs von ihm ablösen, sondern seiner Oberfläche weiter folgen, also von unten nach oben um den Ball herumströmen.

Der Tischtennisball
tanzt über'm Föhn, und doch wird er
vom Wind gehalten.

17

Bananenflanken: Bernoulli + Drehung = Magnus

der Effet von drehenden Bällen

Denken Sie ruhig an einen Fußball und die wunderschönen Bananenflanken (im Englischen „curved balls" genannt) von Roberto Carlos, Toni Kroos, Jule Brand, Klara Bühl und vielen anderen!

Mit so mancher Bananenflanke wurde bei Freistößen schon die gegnerische Mauer umflogen, um nicht zu sagen umgangen, und ins Tor getroffen, obwohl der Ball entsprechend seiner Abschussrichtung das Tor hätte verfehlen müssen (s. Abb. 17.1–2 Teile).

Nehmen wir an, es sei windstill; dann brauchen wir uns nicht um Windgeschwindigkeiten und Windrichtungen zu kümmern! Aber das ändert die Situation auch nicht grundsätzlich; denn Bananenflanken haben nichts mit dem Wind zu tun.

Ohne Wind ruht die Luft. Der getretene Ball bewegt sich in der ruhenden Luft. Aus Sicht des Balls bewegt sich die Luft in umgekehrter Richtung (in Abb. 17.1, unterer Teil, gestrichelt gezeichnet). Das heißt, die Luftströmung verläuft dem fliegenden Ball entgegen. Es kommt auf die Druckänderung in der Luft an und deswegen auch auf die Strömungsrichtung der Luft.

H. Level, *Die unerträgliche Leichtigkeit der Vitamintablette*,
https://doi.org/10.1007/978-3-662-73033-1_17

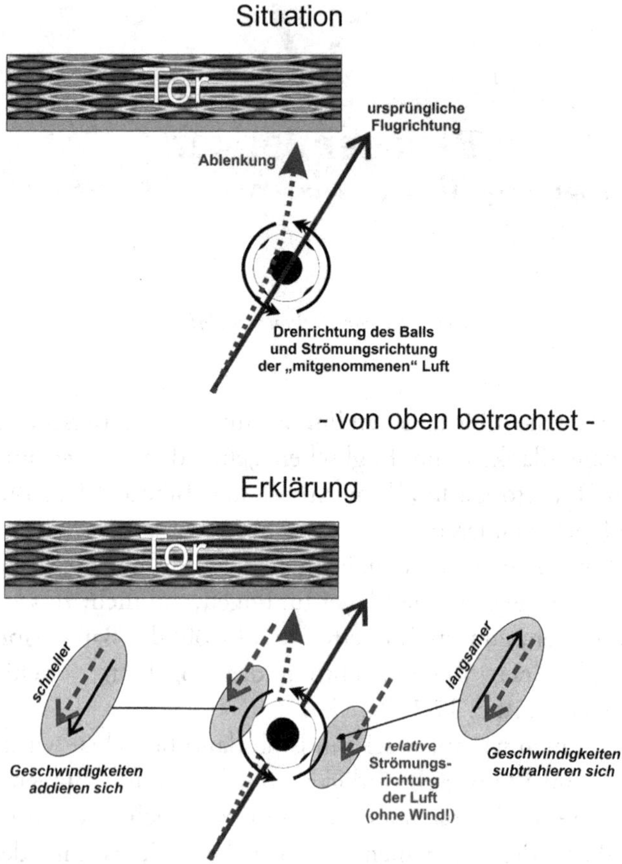

Abb. 17.1 Zwei Skizzen zu einer Bananenflanke; die obere zeigt die prinzipielle Situation, die untere enthält auch Pfeile zur Darstellung der Strömungsrichtungen. Auf der linken Seite des Balls addieren sich zwei Geschwindigkeiten, so dass nach Bernoulli ein Sog den Ball nach links zieht. Auf der rechten Seite werden zwei Geschwindigkeiten voneinander abgezogen, so dass der Druck steigt und den Ball nach links drückt

Dreht sich der Ball nicht, würde seine Flugbahn – von oben betrachtet – eine gerade Linie darstellen. (Von der Seite würde man natürlich die schon in Kap. 7 behandelte Parabelbahn sehen.)

Dreht sich der Ball, nimmt er *aufgrund von Reibung* zwischen ihm und der ihn unmittelbar umgebenden Luft letztere auf seiner Drehung mit. Die Luft hat also eine zusätzliche Strömungskomponente, die der Drehrichtung des Balls entspricht. Dort wo die Drehrichtung dieselbe wie die sonstige Strömungsrichtung der Luft ist – hier links –, addieren sich die beiden Geschwindigkeiten (Strömungsrichtung und zusätzliche Komponente aufgrund der Luftmitnahme durch den Ball). Die Gesamtgeschwindigkeit ist also größer; die Luft strömt dort schneller. Nach Bernoulli bedeutet das eine Druck*ab*nahme. Dort wo die Drehungsrichtung *entgegen* der Strömungsrichtung verläuft – um im Beispiel zu bleiben: rechts –, wird die zusätzliche Komponente von der Strömungsgeschwindigkeit abgezogen. Die geringere Gesamtgeschwindigkeit bedeutet eine Druck*zu*nahme. Im Beispiel wird der Ball also nach links gezogen/gesogen bzw. von rechts nach links gedrückt. Die Banane ist nach links gebogen (gepunktete Linie).

Dass der drehende Ball oder irgendein rotierendes Objekt in einer Strömung eine solche seitliche Kraft erfährt, wird auch Magnus-Effekt genannt – nach Heinrich Gustav Magnus (1802–1870). Wie Sie an der Erklärung sehen, ist der Magnus-Effekt nichts anderes als der Bernoulli-Effekt in Strömungen bei drehenden Objekten: Magnus = Bernoulli + Drehung.

Die Mutter aller Bananenflanken war wahrscheinlich ein Freistoß in Lyon 1997, geschossen vom Brasilianer Roberto Carlos in einem Länderspiel Frankreich gegen Brasilien. Die Situation war wie bei der in der Abbildung gezeichneten, die Banane nach links gekrümmt. Carlos trat den Ball etwas rechts von der Mitte und schoss rechts an der Mauer vorbei. Der Ball schaffte es gerade eben noch links neben den rechten Pfosten. Was für ein Tor!

Eine genauere Betrachtung der wenigen verfügbaren Filmaufnahmen zeigt sogar, dass Carlos durch seinen geschickten Tritt den Ball um zwei Achsen in Drehung versetzt hatte: nicht nur um die Hochachse (von der eben implizit die Rede war), sondern auch um die Querachse. Und zwar drehte sich der Ball zusätzlich wie ein Autoreifen bei Vorwärtsfahrt. Das führte dazu, dass oben zusätzlicher Druck und unten zusätzlicher Sog entstand, die den Ball auf dem absteigenden Ast seiner Bahn schneller zu Boden zogen/drückten. Die Bahnkurve, von der Seite betrachtet, war also eine unsymmetrisch verzerrte Parabel. Ohne diesen Zusatz-Magnus-Effekt wäre der Ball vielleicht gegen die Latte geprallt. Mit dem doppelten Magnus-Effekt traf er aber unterhalb der Latte ins Tor.

In einem Interview wurde Roberto Carlos gefragt, wie er das gemacht hätte. Bescheiden, wie er war, führte er die Flugbahn des Balls fälschlicherweise auf einen Windstoß zurück. Naja, er hat nicht nur in diesem Spiel sein Fußballglück gemacht, auch ohne die physikalischen Details zu kennen.

Roberto Carlos
braucht den Windstoß nicht, Erfolg
bringt ihm sein Ballgefühl.

18

Kármánsche Wirbelstraßen

Wirbel treten oft paarweise auf.

Während diese Zeilen geschrieben werden, ist der Sommer gerade vorbeigegangen, und der Autor erinnert sich wehmütig an warme Tage, an denen er beim Autofahren alle vier Fensterscheiben herunterlassen konnte, um ein wenig Cabrio-„Feeling" zu bekommen. Allerdings wurde dieses Gefühl ab einer bestimmten Geschwindigkeit durch ein periodisches Geräusch gestört, das beim Fahren entsteht, infolge von Luftdruckschwankungen, die auch unangenehm auf den Trommelfellen zu spüren sind. *Woher kommt das?*

Bei den Stützsäulen, die das Autodach tragen, wird nach den A-Säulen vorne links und rechts an der Windschutzscheibe, den B-Säulen links und rechts in der Mitte des Fahrzeugs – also etwa an der äußeren Schulter von Fahrer:in und Beifahrer:in – und den C-Säulen links und rechts an der Heckscheibe unterschieden.

Das Besondere ist nun, dass bei heruntergelassenen Scheiben die B-Säulen mehr oder weniger direkt im Fahrtwind, also in der Luftströmung, liegen. In so einem Fall entstehen hinter jeder B-Säule (als Objekt in der Strömung) Wirbel. Sie sind mit Luftdruckschwankungen verbunden.

H. Level, *Die unerträgliche Leichtigkeit der Vitamintablette*,
https://doi.org/10.1007/978-3-662-73033-1_18

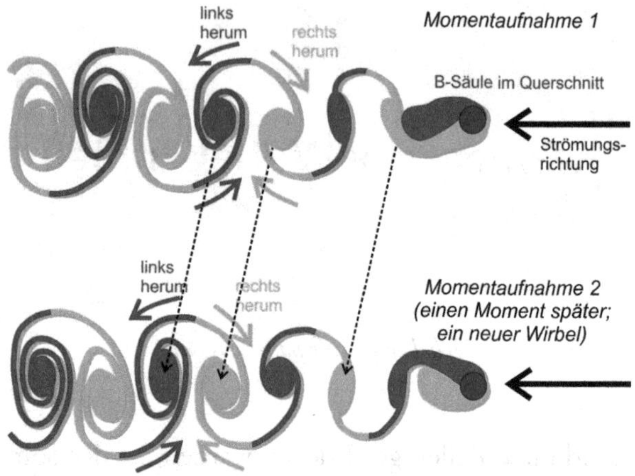

Abb. 18.1 Zwei Skizzen einer Kármánschen Wirbelstraße zu aufeinander folgenden Momenten. Im zweiten Moment ist gerade ein weiterer Wirbel entstanden. Alle Wirbel bewegen sich mit der Strömung nach links.

Und die zupfen an unseren Trommelfellen oder drücken sie und sind daher gut zu „hören".

Was unsere Ohren nicht unterscheiden können, ist die experimentell und rechnerisch vielfach belegte Tatsache, dass sich die Wirbel immer abwechselnd links und rechts herum drehen und dass sie gleich groß und gleich schnell drehend sind – „Kármánsche Wirbelstraßen", benannt nach Theodore von Kármán (1881–1963). Die Situation ist in Abb. 18.1 skizziert. Das hat *mit etwas Ähnlichem wie dem Drehimpulserhaltungssatz* zu tun. Da der eine Wirbel wegen seiner Rotation einen Drehimpuls besitzt, muss der nächste Wirbel denselben Drehimpuls mit umgekehrtem Vorzeichen haben, also im umgekehrten Drehsinn rotieren.

Allen unter Ihnen, die mehr mit Physik zu tun haben und gerade Gefahr laufen, einen Herzinfarkt zu bekommen: Sie haben Recht; hier geht es *nicht* um ein abgeschlossenes System! Und nur dann dürfte man die Gültigkeit des Drehimpulserhaltungssatzes erwarten. Die Strömung um die B-Säule ist kein abgeschlossenes System: es strömt ständig Luft nach hinten weg, und es kommt ständig neue Luft von vorne dazu. Aber ich habe mich auch ganz vorsichtig ausgedrückt: „… *mit etwas Ähnlichem wie dem Drehimpulserhaltungssatz …*"

Wir haben es hier mit etwas Ähnlichem wie einem abgeschlossenen System zu tun, weil die nach hinten wegströmende Luft durch die von vorne dazukommende ersetzt wird. Ein Strömungszustand mit einem Fließgleichgewicht! Daher ist die Situation ähnlich wie bei einem abgeschlossenen System. Und so kommt es zu den Wirbeln mit abwechselnder Drehrichtung.

In Abb. 18.1, die zwei schnell aufeinander folgende Momentaufnahmen zeigt, werden die beiden Drehrichtungen durch zwei unterschiedliche Grade der Helligkeit kenntlich gemacht.

Zwei Wirbel schlingern
hin und her, wodurch alles
erhalten bleibt.

19

Auftrieb am Tragflügel

Der Auftrieb ist komplizierter, als man meinen sollte!

Vom statischen Auftrieb war schon die Rede; er hat mit den unterschiedlichen Massendichten von irgendwelchen Objekten und ihrer gasförmigen oder flüssigen Umgebung (meist der Erdatmosphäre oder Wasser), in der sie ruhen, zu tun. Nun geht es um dynamischen Auftrieb, der – wie der Name schon sagt – aus der Bewegung heraus entsteht. Und speziell soll es um den dynamischen Auftrieb am Tragflügel gehen. – Es gibt kaum ein anderes Thema der Physik, das in populärwissenschaftlichen Erklärungen häufiger falsch dargestellt wird als dieses. Gleich vorweg möchte ich für die Urheber dieser falschen Erklärungen eine Lanze brechen. Denn den dynamischen Auftrieb am Tragflügel anschaulich darzustellen, bedeutet, eine extrem komplizierte Gleichung, die Navier-Stokes-Gleichung[1], mit Anschaulichkeit zu verbinden, was eigentlich gar nicht geht. Jeder Versuch einer anschaulichen Erklärung ist also bestenfalls die Vorgabe einer groben Richtung, in die man zum Verständnis gucken kann.

[1] darin enthalten die Bernoulli-Gleichung.

H. Level, *Die unerträgliche Leichtigkeit der Vitamintablette*,
https://doi.org/10.1007/978-3-662-73033-1_19

Eine der häufigsten falschen Veranschaulichungen startet mit einem Versuch. Die Versuchsperson hält ein DIN A4-Blatt mit drei Fingern jeder Hand an der einen Schmalseite fest. Durch sein Gewicht, biegt sich das Blatt dann nach vorne hinunter und erinnert (leider) an die Oberfläche eines Tragflügels. Bläst die Versuchsperson dann über das Blatt, wölbt es sich hoch, woraus fälschlicherweise geschlossen wird: so entsteht der Auftrieb. Ja, dieser Versuch hat mit dem Bernoulli-Effekt zu tun,[2] sogar mit dem Coandă-Effekt (Kap. 15 „Draußen gibt's nur Kännchen!"), aber nicht mit dem dynamischen Auftrieb am Tragflügel.[3]

Eine zweite falsche Erklärung geht von zwei Luftmolekülen aus – nennen wir sie Anna und Benjamin – die vor dem Tragflügel noch benachbart (übereinander) sind. Eines der Moleküle, Anna, ist etwas weiter oben und wird dadurch gezwungen, oberhalb des Tragflügels langzuströmen. Das andere Molekül, Benjamin, strömt unter dem Tragflügel entlang. Die falsche Erklärung lautet dann so: da Anna und Benjamin *gleichzeitig hinter dem Tragflügel ankommen müssen* und Anna oben den längeren Weg zurückzulegen hat, muss sie mit den anderen Molekülen oben schneller laufen als Benjamin und die anderen Moleküle unten. *Weil die Strömung oben schneller ist, entstehen nach Bernoulli oben Unterdruck und unten Überdruck. Der Tragflügel wird nach oben gesogen/gedrückt; es entsteht ein dynamischer Auftrieb.*

Nun ist es aber so, dass Moleküle nicht befreundet sind und es keinen physikalischen Grund gibt, dass sie hinter dem Tragflügel wieder zusammenkommen müssen. Ganz im Gegenteil: Weil Anna und die anderen Moleküle oben

---

[2] der tatsächlich für den dynamischen Auftrieb gebraucht wird.

[3] Denn das flexible, gebogene Blatt stellt ein anderes Profil als das eines Tragflügels mit seiner fast flachen Profilunterseite dar. Die Randbedingungen, unter denen die Navier-Stokes-Gleichung gelöst werden muss, sind ganz andere. Wir würden Äpfel mit Birnen vergleichen.

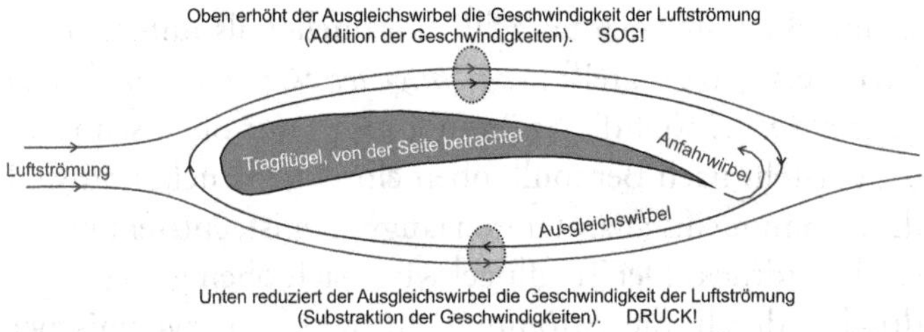

Abb. 19.1 Skizze zu einem Tragflügel im Querschnitt von der Seite – mit eingezeichneten Luftströmungen. Wie bei der Kármánschen Wirbelstraße gibt es zwei gegeneinander rotierende Wirbel; aber in diesem Fall ist einer groß und umstreicht das gesamte Profil.

einen längeren Weg zurückzulegen haben, erfahren sie mehr Reibung am Tragflügel als die Moleküle unten. Und hinten am Tragflügel treffen diese stärker abgebremsten Luftmoleküle in den Strom der schnelleren Moleküle von unten. Daraus entsteht ein zylindrischer Wirbel (wie eine Schwimmnudel) hinter der Tragflügelhinterkante. Er wird „Anfahrwirbel" genannt, … ist in seinem unteren Teil nach hinten und in seinem oberen Teil nach vorne drehend.

Beim Thema „Kármánsche Wirbelstraßen" (Kap. 18) war schon davon die Rede, dass aus einem Wirbel ein zweiter, anders herum drehender Wirbel folgt, wenn eine Strömung auf einen runden Pfahl trifft. Beide Wirbel sind dabei gleich groß und gleich schnell in ihrer Drehung; sie drehen sich nur entgegengesetzt.

Ein Tragflügel ist aber kein Pfahl. Deshalb sieht die Navier-Stokes-Gleichung hierfür eine etwas andere Lösung vor. Wie in Abb. 19.1 gezeichnet, ist der zweite Wirbel am Tragflügel zwar relativ langsam, dafür aber viel größer in seinem Durchmesser als der Anfahrwirbel, und er dreht sich um den gesamten Tragflügel herum: unten nach vorne, oben nach hinten. Das reduziert die Gesamtluftgeschwindigkeit unten und erhöht sie oben. Letztlich strömt die Luft oben tatsächlich schneller als unten.[4] Und jetzt – erst jetzt – greift *der richtige letzte Teil der Erklärung ganz oben:* … weil die Strömung insgesamt oben schneller ist, entsteht nach Bernoulli oben ein Unterdruck, und weil die Strömung insgesamt unten langsamer ist, entsteht unten ein Überdruck. Der Tragflügel wird nach oben gesogen/gedrückt; durch die Strömung entsteht ein dynamischer Auftrieb.

So weit, so gut! Aber eigentlich ist dies nur eine Erklärung dafür, wie der dynamische Auftrieb *entsteht.* Wie wird er aufrechterhalten, wenn sich die erste Wirbelschleppe vom Tragflügel gelöst hat? Wie wird er aufrechterhalten, wenn das Flugzeug über Stunden fliegt? Wahrscheinlich ist jeder Versuch, dies anschaulich zu erklären, zum Scheitern verurteilt. Als Physiker:in zieht man sich dann auf folgende Position zurück: Es kommt eben so als Lösung der Navier-Stokes-Gleichung heraus. Offenbar beschreibt diese Lösung die Natur richtig. Denn der dynamische Auftrieb dauert nach seiner Entstehung ja wirklich an.

Die Natur muss nicht immer anschaulich sein! Und gerade bei der Physik der Strömungen haben wir ja auch schon andere Beispiele gesehen, wo die Natur der Anschauung geradezu widerspricht. *So what!* Wer sind wir Menschen, dass wir uns anmaßen, die Natur müsste unseretwegen immer anschaulich sein.

Der Tragflügel birgt
Geheimnisse, gedanklich
sie uns wirbeln lassen.

[4] Aber Anna und Benjamin treffen sich dennoch nicht hinten am Tragflügel; Anna ist vielmehr Benjamin voraus.

20

Der Weg des geringsten Widerstands – c_W-Werte

Widerstandsbeiwerte von Fahrzeugen

Halten Sie einmal bei starkem Wind eine Holzplatte senkrecht gegen den Wind und versuchen Sie, die Platte an derselben Stelle zu halten! Das kostet Kraft. Bei starkem Wind müssen Sie sich mit der Platte richtig gegen den Wind stemmen. Diese Kraft wird „Druckwiderstandskraft" genannt. Das Wort „Druck" taucht hier auf, weil Druck gleich Kraft pro Fläche ist und in unserem Fall der Wind eine Kraft auf die Fläche der Holzplatte ausübt. (Der zugehörige Druck heißt „Staudruck" – vergl. Kap. 14.)

Nun hat auch die Reibung der Luft an dem Objekt (an der Platte) eine Kraft zur Folge: sie wird „Reibungskraft" genannt. Druckwiderstandskraft und Reibungskraft zusammen heißen „Gesamtwiderstandskraft". Diese Kraft ist proportional zur Querschnittsfläche des Objekts, das in den Wind gehalten wird. Je größer die Fläche, desto mehr Kraft müssen Sie aufwenden, um das Objekt an Ort und Stelle zu halten.

Die Kraft ist erwartungsgemäß auch von der Windgeschwindigkeit abhängig. Ohne Wind kostet es Sie gar keine Kraft. Je stärker der Wind, desto mehr Kraft müssen Sie aufwenden.

H. Level, *Die unerträgliche Leichtigkeit der Vitamintablette*,
https://doi.org/10.1007/978-3-662-73033-1_20

Aber es gibt noch einen Einfluss, von dem bisher noch gar nicht explizit die Rede war: die Form des Objekts und seine Ausrichtung entgegen der Windrichtung. Dieser Einfluss drückt sich in einem Koeffizienten aus; er heißt „Widerstandsbeiwert" oder – wegen des üblichen Symbols dafür – einfach „c_w-Wert".

Für unsere flache Holzplatte, die wir senkrecht in den Wind halten, ist dieser c_w-Wert relativ groß: 1,2. Und das führt zu der großen Gesamtwiderstandskraft. Am geringsten ist der Wert für ein stromlinienförmiges Profil, dessen Längsachse parallel zur Wind- oder Strömungsrichtung liegt: c_w-Wert = 0,06.

Eine hohle Halbkugel mit ihrer Öffnung in den Wind gerichtet (konkav), führt unter allen Standardformen zu dem größten c_w-Wert, nämlich 1,4. Dieselbe Halbkugel mit ihrer Öffnung nach hinten gedreht (konvex) hat nur einen c_w-Wert von etwa 0,35.

Bis vor kurzem galt als Serienfahrzeug mit dem weltweit geringsten c_w-Wert der Mercedes-Benz EQS; sein c_w-Wert beträgt nur 0,20. Vor kurzem scheint der EQS von dem Lightyear Zero der Fa. Lightyear übertrumpft worden zu sein; für dieses Fahrzeug wurde offenbar ein c_w-Wert von 0,175 gemessen. (Der Autor erhält kein Werbehonorar von Mercedes oder Lightyear.)

Bei den Nicht-Serienfahrzeugen sticht der muc023 der Technischen Universität München heraus; er besitzt einen sagenhaften c_w-Wert von nur 0,13, nachdem sein Vorgänger, der muc022, schon einen c_w-Wert von nur 0,159 aufwies. Der muc023 ist ein Elektrokonzeptauto in Leichtbaukonstruktion, das so optimiert wurde, dass durch den geringen Luftwiderstand eine große Reichweite mit einer Aufladung ermöglicht wird. Schon der muc022 stellte mit 2574 km einen atemberaubenden Reichweiterekord auf. Der muc023 dürfte das noch übertreffen.

Der c_w-Wert von Formel 1™-Wagen liegt deutlich höher als die besten von Serienfahrzeugen, nämlich etwa bei 0,75 bis 1,00. Denn Formel 1™-Wagen sind gar nicht auf minimalen Luftwiderstand ausgelegt, sondern auf maximalen Anpressdruck auf den Asphalt (auf maximalen Abtrieb), um das Drehmoment des Motors auch auf den Boden zu bekommen.

So „trocken" dieser
c_w-Wert scheint; s'lohnt sich doch,
ihm nachzugehen.

21

Magdeburger Halbkugeln

Den Luftdruck gibt es wirklich!

Otto von Guericke (1602–1686) war (nach Archimedes) vermutlich der Erste, der systematisch verschiedene technische Pumpen hoher Qualität entwickelt und damit das Gebiet der Vakuumtechnologie begründet hat. Er war ein Tausendsassa; denn er war Jurist, Politiker, Bauingenieur, Physiker (im Wesentlichen in Sachen Pneumatik) und Vakuumingenieur. Zu seiner Tätigkeit als Politiker gehörte seine Beteiligung an den Verhandlungen zum Westfälischen Frieden (1648), aber auch seine Wahl zu einem von vier Bürgermeistern der Stadt Magdeburg.

In der Physik ist sein Name mit einem wichtigen Experiment zum Nachweis der Erdatmosphäre und des Luftdrucks verbunden, dem Versuch „Magdeburger Halbkugeln".

Nachweis der Erdatmosphäre und des Luftdrucks? Ist das ein Witz? Na klar gibt es Erdatmosphäre und Luftdruck! … sagen wir heute, die wir uns an Wetterberichte und Wetterkarten *gewöhnt* haben, in denen von Hoch- und Tiefdruckgebieten die Rede ist und Isobaren (Linien gleichen Luftdrucks) angegeben werden. Aber Mitte des 17. Jahrhunderts … glaubte man Otto von Guericke zunächst nicht. *Müssten wir den Luftdruck nicht merken?*

H. Level, *Die unerträgliche Leichtigkeit der Vitamintablette*,
https://doi.org/10.1007/978-3-662-73033-1_21

Wir merken deshalb nicht, dass die Luft der Erdatmosphäre mit Ihrem Gewicht[1] auf uns herunter*drückt,* weil wir es gar nicht anders kennen. Letztlich spürten wir diesen Druck schon im Mutterleib. Und selbst in einem Raumschiff ist es nicht anders. Dort gibt es zwar nicht die Atmosphäre, die auf die Astronaut:innen drückt. Aber die Luftdichte im Raumschiff wird (etwa) so groß gehalten wie auf der Erdoberfläche – schon damit sie gut atmen können. Das heißt, es gibt (etwa) genauso viele Luftmoleküle pro Volumen, die ständig infolge ihrer Molekularbewegung durch Stöße einen Druck auf die Raumfahrer:innen ausüben.

Jedenfalls glaubte zunächst kaum jemand Otto von Guericke, so dass er sich einen spannenden Versuch überlegte, der in Abb. 21.1 skizziert ist (teilweise – Pferde sind schwer zu zeichnen):

Er ließ zwei hohle Halbkugeln aus Kupfer mit jeweils einem Durchmesser von 42 cm anfertigen und drückte sie zusammen. Als Dichtung (nicht als Kleber!) diente ein Lederstreifen, der in Terpentin und Wachs getränkt worden war. Dann pumpte von Guericke die Luft über ein Ventil mithilfe einer seiner neu erfundenen Vakuumpumpen aus der Kugel ab.

Die Halbkugeln waren außen jeweils mit einer Öse versehen, an der ein Seil festgebunden worden war. Und an diesen Seilen zogen nun zu beiden Seiten gleichzeitig mehrere Pferde. Je nach Kupferstich zum Versuch sind auf beiden Seiten jeweils 2, 4, 6 oder 8 Pferde zu erkennen. Wie viele Pferde es auf jeder Seite wirklich waren, ist nicht sicher!

---

[1] Auf jedem Menschen auf der Erdoberfläche lastet natürlich nicht das gesamte Gewicht der Erdatmosphäre, sondern nur der Teil, der sich oberhalb des Menschen befindet.

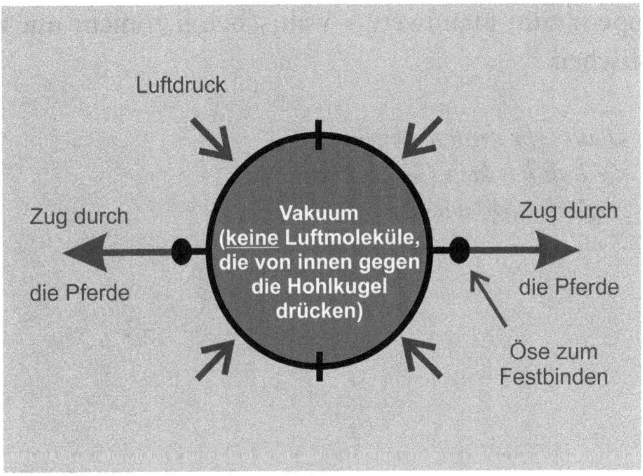

Abb. 21.1 Zeichnung der Magdeburger Halbkugeln von der Seite im Querschnitt. Außen herrscht der Luftdruck, innen ein Vakuum, so dass es von innen keinen Gegendruck gibt.

Aber auch mit je acht Pferden sollte es geklappt haben; die Pferde konnten die beiden Halbkugeln *nicht auseinanderziehen.*

Denn der Luftdruck übt eine Kraft auf die Halbkugeln aus (nicht nur von oben, sondern von allen Seiten), die etwa 14.000 N (Newton) ausmacht. Das entspricht einer Masse von 1400 kg (1,4 t) mit ihrem Gewicht. 1,4 t halten die beiden Halbkugeln zusammen. Und da die Luft innerhalb der Kugel nach dem Abpumpen fehlte, gab es von dort keinen Gegendruck.

Interessanterweise hatte Otto von Guericke den Versuch in einer einfacheren Version 1654 erst in Regensburg durchgeführt, bevor er als einer der Bürgermeister von Magdeburg auf die Idee kam, das Experiment dort 1656 öffentlichkeitswirksam und aufwendiger zu wiederholen – werbewirksam für seine Stadt. Wir sehen, schon damals gehörte

Klappern zum Handwerk – wahrscheinlich nicht nur zum politischen.

Glaubt ihr denn wirklich,
die Luft hat kein Gewicht; so
zeig' ich euch, wie's ist.

22 Schallgeschwindigkeit

wie Schall sich wegen Molekülbewegungen ausbreitet

Der schottische Botaniker Robert Brown (1773–1858) stellte im Jahr 1827 bei Beobachtungen mithilfe eines Mikroskops fest, dass sich bestimmte Organellen in einem Wassertropfen ruckartig und völlig zufällig hin- und herbewegten. Zunächst sah er darin eine Vermutung bestätigt, die damals weit verbreitet war, nämlich dass es in den Bestandteilen lebender Materie eine Art „Lebenskraft" gäbe, auch wenn nicht klar war, was das sein könnte. Etwas später konnte er dieselbe ruckartige, zufällige Bewegung aber auch an Staubkörnchen in Wasser beobachten, die offensichtlich nicht lebten.

Die Erklärung wurde erst 1905 von Albert Einstein (1879–1955) und Marian Smoluchowski (1872–1917) gegeben. Sie führten die Bewegung auf die *Existenz von Molekülen* zurück, die bis dahin nicht gesichert war. Auch diese Moleküle (hier Wassermoleküle) bewegen sich ruckartig und zufällig hin und her und stoßen dabei die größeren Objekte, wie die Organellen und Staubkörner, hin und her. Heute wird die Bewegung der Moleküle „Brownsche Bewegung" genannt. Sie kommt nicht nur in Flüssigkeiten, sondern auch in Gasen, wie Luft, vor.

H. Level, *Die unerträgliche Leichtigkeit der Vitamintablette*,
https://doi.org/10.1007/978-3-662-73033-1_22

Die Brownsche Bewegung der Moleküle ist darauf zurückzuführen, dass jedes Molekül je nach der Temperatur der Flüssigkeit oder des Gases im Mittel eine bestimmte kinetische Energie besitzt. Deswegen wird bisweilen auch der Begriff „thermische Molekülbewegung" verwendet.

Kinetische Energie bedeutet, dass sich die einzelnen Moleküle mit einer Geschwindigkeit bewegen. Durch die üblicherweise hohe Dichte von Flüssigkeiten und Gasen bedeutet die Bewegung der Moleküle aber auch, dass sie nahezu sofort auf Nachbarmoleküle treffen und mit ihnen zusammenstoßen. Bei diesen Stößen werden Energie und Impuls ausgetauscht, so dass die „Stoßpartner" nach dem Stoß mit einer etwas anderen Energie in eine andere Richtung fortfliegen. Dort warten aber schon die nächsten Nachbarmoleküle, mit denen Stöße stattfinden, und so fort und so fort.

Was hat das alles mit der Schallgeschwindigkeit zu tun?

Obwohl sich Schall auch in Flüssigkeiten und festen Körpern ausbreiten kann, ist mit dem Begriff (ohne weitere Zusätze) meistens die Schallgeschwindigkeit in Luft gemeint. Und so wollen wir es auch hier halten. Sie beträgt unter Normalbedingungen etwa 330 m/s oder 1200 km/h. Das ist ziemlich schnell, verglichen mit den allermeisten Geschwindigkeiten, mit denen wir es im Alltag zu tun haben. Am ehesten kommen da noch Verkehrsflugzeuge mit. Ein Airbus A380 fliegt typischerweise mit einer Reisegeschwindigkeit von 940 km/h (261 m/s).

Bei Gewittern bekommen wir die Schallgeschwindigkeit *vorgeführt.* Wenn wir einen Blitz sehen und es dann etwa 3 s dauert, bis wir auch den Donner dazu hören, ist der Blitz etwa 1000 m (=330 m/s × 3 s) entfernt auf die Erde niedergegangen.

Schall ist nichts anderes als Luftdruck- & -dichteschwankungen, die sich in der Atmosphäre ausbreiten. Und diese Ausbreitung hat mit dem schon erwähnten Mechanismus zu tun. Die Luftmoleküle in einem Bereich erhöhter Luftdichte müssen mit ihren Nachbarmolekülen stoßen und so weiter und so weiter, *damit sich auch der Bereich erhöhter Luftdichte selbst ausbreitet.*

Die Strecke, die die Luftmoleküle zurücklegen können oder müssen, bevor sie mit Nachbarmolekülen stoßen, beträgt unter Normalbedingungen etwa 70 nm (Nanometer!). Diese Entfernung wird „mittlere freie Weglänge" genannt (Mittelwert der freien Strecke zwischen Stößen mit Nachbarmolekülen). Die mittlere Geschwindigkeit der Luftmoleküle (hauptsächlich aus Stickstoff und aus Sauerstoff) beträgt *einige Hundert Meter pro Sekunde!* Sagen wir, es handele sich um eine mittlere Molekülgeschwindigkeit von 400 m/s. Mit dieser Geschwindigkeit sausen die Moleküle über eine Strecke von etwa 70 nm auf ihre Nachbarmoleküle zu. Bei der mittleren Molekülgeschwindigkeit wird die mittlere freie Weglänge in einem Zeitfenster von *etwa* 0,2 ns ($^2/_{10}$ ns!) überwunden. Um eine Strecke von 330 m zu überwinden, braucht es *etwa* 5 Mrd. Stöße und zurückzulegende mittlere freie Weglängen. Das bedeutet, dass dafür 5 Mrd. mal eine Zeitspanne von etwa 0,2 ns verstreicht (=1 s).

Bei Flüssigkeiten und festen Körpern haben die Atome oder Moleküle keinen Abstand von im Mittel 70 nm zueinander, sondern stoßen quasi direkt aneinander. Sie müssen nicht erst diese *relativ* lange Strecke laufen, bevor sie mit ihren Nachbarn stoßen können. Sie sind über Bindungen eng mit den Nachbarteilchen verbunden. Deswegen breitet sich der Schall in Flüssigkeiten und Festkörpern schneller aus als in Gasen. Die Schallgeschwindigkeit in Wasser beträgt ca. 1500 m/s (5400 km/h), in Stahl sogar bis etwa 5000 m/s (18.000 km/h).

Wale können ihren Gesang über viele Dutzende von Kilometern hören, weil er sich so schnell so weit ausbreiten kann, bevor er durch Wasserströmungen aller Art zu sehr gestört wird.

Schall ist eng verknüpft
mit Molekülbewegung
in dem Gas.

23

Die Schallmauer

Die Schallmauer bewegt sich.

Wahrscheinlich haben die meisten von uns schon einmal einen Überschallknall gehört – nämlich dann, wenn ein Düsenflugzeug mit Überschallgeschwindigkeit (also mehr als 330 m/s bzw. 1200 km/h) geflogen ist. Wir sagen dann, das Flugzeug habe die „Schallmauer durchbrochen".

Diese Formulierung suggeriert, dass eine Schallmauer ortsfest irgendwo auf einem Acker herumsteht und das Flugzeug hindurchfliegt. Aber so darf der Ausdruck „Schallmauer" nicht verstanden werden.

Schon in Kap. 22 wurde erklärt, dass Schallwellen Luftdruck- und Luftdichteschwankungen sind, die sich ausbreiten. Reden wir hier der Einfachheit halber nur von Druckschwankungen. Und um es noch einfacher zu machen, sprechen wir nur von Druck*erhöhungen.*

Eine solche Druckerhöhung breitet sich in der Luftatmosphäre mit etwa 330 m/s aus. Aber was ist, wenn der Verursacher des Schalls, hier also das schnelle Düsenflugzeug, hinter dieser Druckerhöhung hinterherfliegt – und zwar mit derselben Geschwindigkeit, mit der sich die Druckerhöhung ausbreitet – nämlich mit Schallgeschwindigkeit? Dann werden zu der Druckerhöhung ständig wei-

H. Level, *Die unerträgliche Leichtigkeit der Vitamintablette*,
https://doi.org/10.1007/978-3-662-73033-1_23

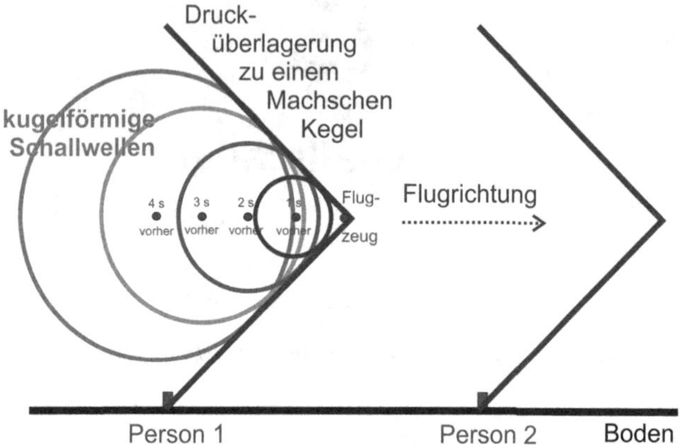

Abb. 23.1 Skizze zur Entstehung eines Machschen Kegels und seiner Bewegung über den Erdboden. Der Kegel entsteht durch die Überlagerung von kugelförmigen Schallwellen, die zu unterschiedlichen Zeiten von einer überschallschnellen Schallquelle abgestrahlt wurden.

tere Druckerhöhungen hinzukommen, da ja ständig weiterer Schall oder Schalldruck erzeugt wird und hinzuaddiert wird. Der Druck wächst sehr stark. Und wenn diese extreme Druckerhöhung an unseren Ohren mit ihren Trommelfellen vorbeistreicht, weil als Flugzeug irgendwo über uns hinwegfliegt, hören wir die Druckerhöhung als lauten Knall, weil die extreme Druckerhöhung kurzzeitig stark auf unsere Trommelfelle „drückt".

Ein Mensch, der in Flugrichtung etwas weiter weg steht, wird diesen Knall auch erst etwas später hören. Man muss also – um im Bild zu bleiben – sagen, dass sich die Schallmauer mit dem Flugzeug mitbewegt.

Wenn die Fluggeschwindigkeit größer als die Schallgeschwindigkeit ist, verändert das die Erklärung nicht wesentlich. Die Zone mit hohem Druck, die sich um das Flugzeug aufgebaut hat, hat die Form eines nach hinten geöffneten Kegels, wie in Abb. 23.1 zu sehen. Dieser Kegel wird nach Ernst Waldfried Josef Wenzel Mach (1838–1916) „Machscher Kegel“ genannt. Natürlich ist auch dieser Kegel nicht ortsfest. Wo der Kegel über die Erdoberfläche streift und einen Menschen trifft, hört dieser einen lauten Knall.

Die Schallmauer ist nicht
fest am Ort; sie saust dahin
ganz wie ihr Düsenflieger.

24

Ein Orchester wird gestimmt

Überlagerung von Schwingungen

Wenn die Musikinstrumente in einem Orchester nicht aufeinander abgestimmt werden würden, hätten die meisten von uns keine Freude an der Musik, selbst wenn wir nicht mit einem absoluten Gehör gesegnet sein sollten. Menschen mit absolutem Gehör müssen ein schlecht gestimmtes Orchester als Folter empfinden.

Das Stimmen verläuft so, dass eine der Musiker:innen, zum Beispiel die 1. Violonistin, eine Stimmgabel mit dem Kammerton A (das eingestrichene a' bzw. a^1) zu Hilfe nimmt, um ihr Instrument zu stimmen, damit ihr A genauso klingt wie der Ton der Stimmgabel. Natürlich muss sie danach auch die anderen Töne ihres Instruments anpassen, so dass sie im richtigen Frequenzabstand zum Kammerton liegen. Sie gibt dann „ihr A" an die anderen Geiger:innen und an die Instrumentengruppen weiter. Innerhalb jeder Gruppe wird erneut ein Abgleich vorgenommen.

In der Physik ist mit dem Kammerton A eine Schallfrequenz von 440 Hz (Hertz) gemeint. In Österreich und Deutschland stimmen die Orchester aber oft auf 443 Hz und in der Schweiz auf 442 Hz ab. Es gibt also durchaus

H. Level, *Die unerträgliche Leichtigkeit der Vitamintablette*,
https://doi.org/10.1007/978-3-662-73033-1_24

Variationen dafür, was unter dem Kammerton A verstanden wird.

Aber wie merken die Musiker:innen, ob ihre Instrumente noch nicht oder schon zusammenstimmen?

Bei Schall handelt es sich um akustische Wellen, das heißt Schwingungen von Luftdruck und Luftdichte, die sich im Raum ausbreiten. Für unsere Zwecke reicht es, nur einen bestimmten Ort zu betrachten, zum Beispiel dort wo gerade zwei Musiker:innen ihre Instrumente stimmen. Dann brauchen wir nur noch von *Schwingungen* des Luftdrucks und der Luftdichte zu sprechen und müssen nicht mehr von *Wellen* reden.

Es geht beim Stimmen von Musikinstrumenten um die Überlagerung von Schwingungen!

Wenn zwei Schwingungen mit exakt derselben Frequenz überlagert werden, resultiert eine Gesamtschwingung mit exakt derselben Frequenz.

Wenn aber zwei Schwingungen mit leicht unterschiedlicher Frequenz (Tonhöhe) überlagert werden, ergibt sich im Ergebnis eine so genannte „Schwebung". Das ist eine Schwingung mit der mittleren Frequenz der beiden Ursprungsschwingungen; aber die Intensität der resultierenden Schwingung variiert mit einer Frequenz, die der Hälfte der Differenz der beiden ursprünglichen Frequenzen entspricht.

Ein Beispiel: Sagen wir, eine 1. Geigerin in der Schweiz habe ihr Instrument mit einer (Schweizer) Stimmgabel gestimmt, und ihr A entspräche nun exakt einer Tonhöhe von 442 Hz. Sie spielt den Ton. Die 2. Geigerin spielt nun zusätzlich ihr A, das aber in diesem Beispiel noch bei einer Tonhöhe von 448 Hz liegen solle (weil die 2. Geige noch nicht gestimmt ist). Dann ergibt sich aus der Überlagerung beider Schwingungen ein Ton mit 445 Hz [(448 + 442)/2] (dem Mittelwert), und die Intensität schwankt langsam mit einer Frequenz von 3 Hz [(448 - 442)/2]. Das können erfahrene Musiker:innen hören und ihr Instrument so lange manipulieren, bis die Schwebung mit ihrer langsam veränderlichen Intensität nicht mehr vorhanden ist. Dann sind die Instrumente gestimmt.

Leider sind die Tonhöhen von Instrumenten von vielen Einflüssen abhängig: Temperatur, Luftdruck, Luftfeuchtigkeit, …. Und diese Einflüsse können sich während eines Konzerts ändern. Daher sollten die Instrumente zumindest nach der Pause erneut gestimmt werden. Ganz schlimm wäre ein Star, der in letzter Minute von der Kälte draußen mit wehendem Mantel in den relativ warmen Konzertsaal kommt, um dann sofort vor Publikum sein Instrument zu spielen. Aber keine Sorge: jemand, der das nicht weiß und beachtet, hätte es mit Sicherheit nicht bis zum Star geschafft. Die Instrumente müssen vor dem Konzert *mindestens* eine halbe Stunde das „Konzertsaalklima" annehmen können.

Schwebungen kommen an vielen Stellen in der Technik vor. Haben Sie sich schon einmal gewundert, dass die Übertragungsgeschwindigkeit (die Datenrate) variiert, wenn Sie einen großen Fileordner von Ihrer internen Computer-Festplatte auf ein externes Speichermedium transferieren oder wenn sie einen solchen Fileordner auf dem externen Medium löschen wollen. In Abb. 24.1 ist die Geschwindigkeit/Datenrate über der Zeit graphisch dargestellt. Es ergeben sich bei einem solchen Vorgang (nicht immer so gleichmäßig wie hier) Oszillationen des Geschwindigkeitswerts. Das hat mit Schwebungen zu tun. Sie resultieren (teilweise) daraus, dass die Zugriffsgeschwindigkeit auf das externe Speichermedium nicht mit der internen Datenrate übereinstimmt.

Abb. 24.1 Ausschnitt eines Computerdisplays, auf dem die Übertragungsgeschwindigkeit zu einer externen Festplatte dargestellt wird. Die Geschwindigkeit oszilliert, weil zwei Übertragungsraten nicht exakt übereinstimmen.

Das absolute
Gehör muss man nicht haben;
um Töne anzupassen.

25

Das Meiste von Etwas ist Nichts

Was ist ein Atom?

Im Physik-Unterricht der Oberstufe lernen die Schüler:innen, dass der größte Teil der Atome und Moleküle leer ist … leer im Sinne von nichts … rein gar nichts.

Ernest Rutherford (1871–1937) beschoss eine dünne Goldfolie mit Kernen von Helium-Atomen (diese Kerne werden α-Teilchen genannt) und maß die Verteilung der α-Teilchen über dem Winkel nach der Wechselwirkung mit der Goldfolie. In der Physik wird von den „gestreuten Teilchen" und der „Streuverteilung" gesprochen.

Sehr viele der Helium-Kerne gelangten nahezu ungestört in Vorwärtsrichtung auf die Detektorfläche (einen teilchenempfindlichen Film). Dieses experimentelle Ergebnis ließ darauf schließen, dass die Goldatome hauptsächlich leer sind.

Und die Streuverteilung der deutlich abgelenkten α-Teilchen ließ sich nur damit erklären, dass es positiv geladene Atomkerne gibt, die nur einen winzigen Raum im Zentrum des Atoms einnehmen.

Wenn es bei Gold-Atomen so ist, dann wohl auch bei allen anderen Atomsorten. Die negativ geladenen Elektronen bilden eine Atomhülle weit entfernt von und um den

H. Level, *Die unerträgliche Leichtigkeit der Vitamintablette*,
https://doi.org/10.1007/978-3-662-73033-1_25

winzigen Atomkern mit seinen positiv geladenen Protonen und den elektrisch neutralen Neutronen herum.

Wenn man ein Wasserstoffatom mit seinem einzigen Proton im Kern und seinem einzigen Elektron in der Hülle so aufblasen könnte, dass das Kernproton so groß wie ein Fußball wäre (mit 22 cm Durchmesser), dann hätte die Elektronenhülle einen Durchmesser von etwa 13 km. Den Durchmesser des Elektrons selbst müsste man bei etwa dem 10.000. Teil des Protonenballdurchmessers ansetzen (das macht hier nur etwa ein Fünftel der Dicke eines menschlichen Haares aus). Da ist eine Menge Nichts zwischen Kernproton und Elektronenhülle.

Ähnliche Überlegungen gelten für Moleküle, bei denen sich zwei oder noch mehr Atome verbunden haben. Auch Moleküle sind überwiegend leer.

Wenn das Meiste der Atome und Moleküle Leere ist, wie kommt es dann, dass wir auf Fußböden stehen oder auf Straßen mit unseren Autos fahren können? Müssten wir nicht durch diese Böden „hindurchsickern" und wie in einem Moor oder im Treibsand versinken?

Dem ist offensichtlich nicht so! Denn negative und andere negative elektrische Ladungen stoßen sich untereinander ab. Die elektrische (Coulombsche) Abstoßung der negativ geladenen Elektronenhüllen von Molekülen unserer Schuhe/Autoreifen einerseits und des Bodens/Straßenasphalts andererseits ist sehr stark. Diese Abstoßung sorgt dafür, dass sich die Moleküle von Schuh und Boden nicht gegenseitig durchdringen können. Und wenn wir barfuß liefen, wären es die Elektronenhüllen der Moleküle unserer Fußsohlen, die das Schlimmste verhindern würden.

Glück gehabt!

Atome scheinen fest
zu sein. Doch fest ist nicht voll;
da trügt der Schein!

26

Immer schön der Reihe nach

Kristalle sind Riesenmoleküle.

Kristalle sind das Salz in der Suppe der Festkörperphysik. Die einzelnen Teile dieser Riesenmoleküle werden durch Atome und (kleinere) Moleküle gebildet, die regelmäßig angeordnet sind und durch bestimmte Kräfte zusammengehalten werden.

Beim Kohlenstoff in seiner Diamant-Konfiguration zum Beispiel teilen sich die Kohlenstoff-Atome Elektronen, was zu dem starken Zusammenhalt führt. Man spricht von „kovalenter Bindung". Wenn Sie sich mit einer Mitbewohner:in eine Küche teilen, führt das zum Zusammenhalt (kann aber – anders als bei Kristallen – auch zum Bruch führen).

Beim Kohlenstoff (C) in seiner Diamant-Konfiguration sitzt ein Kohlenstoff-Atom in der Mitte einer gleichseitigen Pyramide und ist an den vier Ecken der Pyramide von vier weiteren Kohlenstoff-Atomen umgeben. Dazwischen herrschen kovalente Bindungen, und so ist die Gesamtbindung sehr stark und das Diamant-Material sehr hart.

Bei einem Salzkristall (Natriumchlorid, NaCl) hingegen funktioniert die Bindung anders. Die Natrium-Atome geben je ein Elektron an die Chlor-Atome ab. Aus den Natri-

H. Level, *Die unerträgliche Leichtigkeit der Vitamintablette*,
https://doi.org/10.1007/978-3-662-73033-1_26

um-Atomen werden dadurch positiv geladene Na^+-Ionen, und aus dem Chlor-Atomen negativ geladene Cl^--Ionen. Die entgegengesetzt geladenen Ionen ziehen sich elektrisch (Coulombsch) an und sorgen so für den Zusammenhalt im Kristall. Bei der Analogie mit der Wohngemeinschaft könnte man sagen: der eine kocht, der andere macht den Abwasch und kümmert sich um die Abfallentsorgung, so dass beide etwas davon haben und zusammenbleiben.

Wenn irgendwie möglich, strebt die Natur den kristallinen Zustand bei Anordnungen von Atomen und (kleinen) Molekülen an, weil das der energieärmste und damit stabilste Zustand ist. Aber es gibt viele Störeinflüsse bei der Bildung eines Festkörpers, so dass der Kristall auch Kristall(gitter)fehler enthalten kann oder dass das Material sogar amorph ist, also keinerlei regelmäßige Anordnung der kleinsten Bausteine zeigt.

Ein Gitterfehler könnte sein, dass ein Atom nicht an seinem „ordentlichen" Platz sitzt, sondern etwas daneben oder dass zwei Atome unterschiedlicher Sorte ihre Plätze getauscht haben oder dass ganze Kristallebenen gegen andere verrutscht sind oder … oder …

Es gibt sieben verschiedene Kristallsysteme,[1] von denen hier nur zwei genannt werden, weil sie einfach zu beschreiben sind. Das sind das kubische und das hexagonale System. Beim kubischen System sind die Grundstrukturen Würfel (Kuben). Die Grundstruktur („Einheitszelle" oder „Elementarzelle" genannt) hat drei gleich lange Kanten, die wechselseitig senkrecht aufeinander stehen. Beim hexagonalen System sind die Atome (oder kleinen Moleküle) in der Ebene in Sechsecken angeordnet. Und solche Ebenen sitzen – entweder direkt oder jeweils versetzt zueinander – übereinander.

---

[1] kubisch, hexagonal, tetragonal, orthorhombisch, monoklin, triklin, rhomboedrisch/trigonal.

Was für ein Kristallsystem von einem Material bevorzugt wird, hängt von den möglichen Bindungskräften und Ausrichtungen der Bindungen ab, aber auch von den Herstellungsbedingungen oder den gerade herrschenden Bedingungen. So tritt zum Beispiel das Material Zinkblende (Zinksulfid, ZnS) bei Normalbedingungen in einer kubischen Struktur (α-ZnS) auf, während bei hohen Temperaturen die hexagonale Struktur (β-ZnS) stabil ist.

Zu vier der sieben Kristallklassen gibt es Variationsmöglichkeiten. Bei kubischen Kristallen besteht die einfachste Art (ohne Variation) darin, dass nur an den Ecken des Würfels Atome (oder kleine Moleküle) sitzen. Dann wird von einem „kubisch primitiven" Kristallgitter gesprochen. Es kann aber auch ein Atom/Molekül genau in der Mitte des Würfels *hinzukommen;* das nennt man „kubisch-raumzentiert" (krz). Oder es *kommen* statt des Teilchens in der Würfelmitte dafür in der Mitte jeder der sechs Flächen des Würfels Atome/Moleküle zur primitiven Ausgangsform *hinzu.* Dann handelt es sich um ein „kubisch-flächenzentriertes" (kfz) Kristallgitter.

Für viele moderne Anwendungen der Halbleitertechnologie ist es unbedingt erforderlich, dass das Material kristallin ist, genau genommen einkristallin. Das heißt, die Materialprobe soll einen einzigen (durchgehenden) Kristall mit möglichst wenigen Kristallgitterfehlern darstellen.

Ein wichtiges Beispiel für solche Anwendungen sind Halbleiterlaser, die zum Beispiel in der optischen Nachrichtentechnik genutzt werden. Wenn sie nicht sehr gut einkristallin[2] wären, gäbe es durch Stöße der angeregten Elektronen mit Kristallgitterfehlern zu viele Möglichkeiten, dass die aufgebrachte Energie ohne Aussendung von Licht verloren geht. Der Laser würde nicht oder kaum leuchten, und so soll es ja nicht sein.

[2] also nicht kristallin mit nur wenigen Kristallgitterfehlern.

Für die Langstrecken-Nachrichtenübertragung werden Halbleiterlaser aus InGaAsP (IndiumGalliumArsenPhosphid) eingesetzt, für die Kurzstreckenübertragung Halbleiterlaser aus AlGaAs (AluminiumGalliumArsenid). Diese Materialien gehören zu den sogenannten „III/V-Halbleitern", weil sie chemische Elemente der Gruppe III (In, Ga, Al) und der Gruppe V (As, P) des Periodensystems der Elemente enthalten.

Lassen Sie uns die Situation noch einfacher machen und exemplarisch von GaAs sprechen, also einem III/V-Halbleiter mit nur einem Element der Gruppe III (Gallium, Ga) und einem Element der Gruppe V (Arsen, As). Halbleiterlaser mit diesem Material emittieren infrarotes Licht bei etwa 870 nm Wellenlänge. Das ist im nahen infraroten Spektralbereich; wir Menschen können es nicht sehen.

Der III/V-Halbleiter GaAs tritt dabei in der kubisch-flächenzentrierten (kfz) α-ZnS-Kristallstruktur auf (s. Abb. 26.1 und 26.2). An jedem Gitterpunkt sitzt nicht nur ein As-Atom, sondern etwas versetzt auch ein Ga-

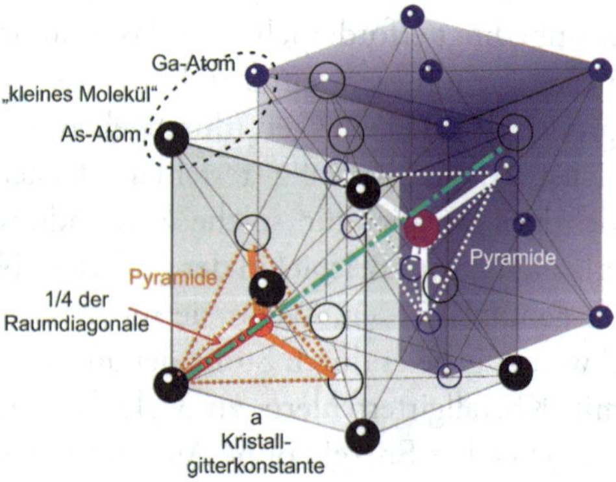

Abb. 26.1 Skizze einer kubisch-flächenzentrierten Elementarzelle (Einheitszelle) mit zwei Atomen als „kleines Molekül" in der Basis. Diese Kristallstruktur wird α-Zinkblende-Struktur genannt.

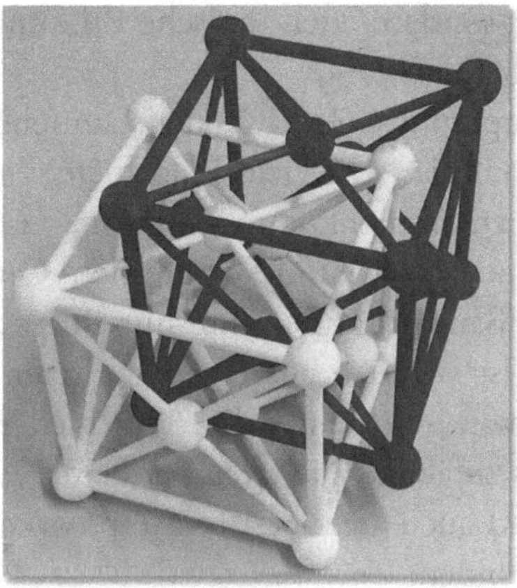

Abb. 26.2 Foto eines 3D-gedruckten Kunststoffmodells von einer α-Zinkblende-Kristallstruktur

Atom. In diesem Zusammenhang bekommt also das einen Sinn, was oben „die kleinen Moleküle" genannt wurde. Es geht hier um GaAs-Moleküle. Jedes Ga-Atom ist gegenüber „seinem" As-Atom etwas versetzt, nämlich parallel zur Raumdiagonalen des Würfels und zwar um ein Viertel der Länge der Raumdiagonalen. Die Raumdiagonale geht vom Gitterpunkt unten-links-vorne zu dem Gitterpunkt oben-rechts-hinten (strichpunktiert in Abb. 26.1 dargestellt).

Eigentlich ist dies nichts anderes als die Diamant-Kristallstruktur, nur dass nicht alle Atome vom selben Element (und schon gar nicht aus Kohlenstoff) sind. Auch hier tauchen die gleichseitigen Pyramiden auf: ein Ga-Atom im Zentrum einer Pyramide, an deren Ecken As-Atome sitzen, und ein As-Atom im Zentrum einer Pyramide, an deren Ecken Ga-Atome sitzen.

Weil einzelne Elektronen etwas von den Gruppe III-Atomen in Richtung auf die Gruppe V-Atome verschoben sind, hat die Bindung nicht nur kovalente Anteile, wie beim

Diamant (C), sondern auch ionische Bindungsanteile, wie beim Kochsalz (NaCl).

Die Festkörperphysik ist eines der spannendsten Gebiete der Physik, weil hier sehr viele Teilgebiete von Physik und Mathematik zusammenkommen: Atom- und Molekülphysik, Gruppentheorie und Symmetrien, Quantenphysik, elektronische Bandstrukturen, um nur einige zu nennen.

Spannend ist sie auch aus einem weiteren Grund. Zunächst ist man versucht, die verschiedenen Kristallstrukturen als zufällige Spielarten der Natur zu sehen. Aber mit ihnen sind auch ganz bestimmte physikalische Eigenschaften verbunden.

Ein Beispiel: Bei bestimmten Materialien wird durch Anlegen einer elektrischen Spannung an die Kristallprobe ihr optischer Brechungsindex verändert. Das nennt man „die elektrooptischen Effekte" (Pockels und Kerr). Die Brechungsindexänderung hat damit zu tun, dass durch Anlegen der Spannung die Molekülbindungen im Kristall gestaucht oder langgezogen werden, sich also das Gefüge des Materials etwas ändert und deswegen auch sein Einfluss auf das Licht beim Durchgang des Lichts durch eine solche Probe.

Bei GaAs funktioniert das; bei Diamant oder Silizium funktioniert das nicht – obwohl die Kristallstruktur in beiden Fällen quasi dieselbe ist. Im ersten Fall sitzen in „den kleinen Molekülen" unterschiedliche Atome (As und Ga), im zweiten Fall dieselben (C & C oder Si & Si). Mathematisch kann gezeigt werden, dass die Brechungsindexänderung von der Kristallsymmetrie abhängt. Denn im ersten Fall kann im Würfel kein einziger Punkt identifiziert werden, an dem man den Kristall *um 180° im Raum* drehen kann, sodass die Atome auf ehemaligen Positionen von Atomen derselben Sorte zum Liegen kommen. Bestenfalls wird ein Ga-Atom in die ehemalige Position eines As-Atoms gedreht, nicht aber in die ehemalige Position eines Ga-Atoms. Man sagt, der Kristall ist „*nicht* inversionssymmetrisch". Bei solchen Kristallen kann der Brechungsindex durch Anlegen einer elektrischen Spannung modifiziert werden.

Bei Silizium dagegen kann tatsächlich ein Inversionssymmetriepunkt identifiziert werden, nämlich der bei einem Achtel entlang der Raumdiagonalen, also in der Mitte zwischen zwei gleichen Atomen desselben kleinen Moleküls Si-Si. Wenn der Kristall geeignet *um 180° im Raum* gedreht wird, kommt jedes Si-Atom auf der ehemaligen Position eines anderen Si-Atoms zum Liegen. Der Kristall ist punkt- oder inversionssymmetrisch. Mathematisch kann man einfach zeigen, dass dieser Kristall dann aber nicht „elektrooptisch" sein kann. Sein Brechungsindex wird nicht durch eine angelegte Spannung verändert.

Wow! Alles hängt mit allem zusammen – auch in der Physik! Und deshalb ist es auch wichtig, im Studium möglichst viele Themen anzusprechen und nicht nur einige wenige, um das Studium zu beschleunigen, wie von Politiker:innen immer wieder gefordert.

Kristalle sind gar
schöne Stapel: Atome
ganz der Reihe nach.

27

Epi taxis – über der Ordnung

die Herstellung von Einkristallen

Die Situation unterscheidet sich etwas, je nachdem ob ein großer zylinderförmiger Rohling hergestellt werden soll, aus dem dann durch Sägen und Polieren Scheibe für Scheibe Substrate („Wafer" genannt) herausgetrennt werden sollen, oder ob auf einen solchen, schon herausgetrennten Wafer einkristalline Halbleiterschichten aufgebracht werden sollen. Bleiben wir beim zweiten Fall! – Übrigens wird dieses Aufbringen einkristalliner Schichten auch „Aufwachsen" genannt. Hier wird die deutsche Grammatik etwas strapaziert. Aus dem intransitiven Verb „wachsen" („eine Schicht wächst") wird ein transitives Verb („die Experimentator:in wächst eine einkristalline Schicht auf das Substrat").

Der Trick bei diesem Kristallwachstum ist, dass den Atomen der neuen Schicht ein passender Untergrund angeboten und genug Zeit gegeben wird, den „richtigen" Platz, also den einkristallinen Platz, zu finden.

„Passender Untergrund" bedeutet, dass ein Substrat gewählt wird, das dieselbe Kristallstruktur wie die gewünschte Schicht besitzt und bei dem die Atomabstände (die so genannte „Kristallgitterkonstante" a) möglichst gleich ist. Zum Beispiel wird zum Wachstum von AlGaAs-Schichten

H. Level, *Die unerträgliche Leichtigkeit der Vitamintablette*,
https://doi.org/10.1007/978-3-662-73033-1_27

(AluminiumGalliumArsenid) ein Substrat (ein Wafer) aus GaAs (GalliumArsenid) gewählt. Die Kristallstruktur ist in beiden Fällen die „α-Zinkblende-Struktur",[1] und die Kristallgitterkonstanten sind gleich, egal wie groß der Anteil $_x$ von Al-Atomen[2] im $Al_xGa_{1-x}As$ ist. Ein anderes Beispiel sind Schichten aus InGaAsP (IndiumGalliumArsen(id)Phosphid), die auf InP-Substrate aufgewachsen werden; das geht allerdings nur für einen kleinen Bereich von Zusammensetzungen ($_{x,y}$) des Materials $In_xGa_{1-x}As_yP_{1-y}$.

Das Anbieten eines geeigneten Untergrunds zur Herstellung einkristalliner Schichten hat zur Bezeichnung für diese Kristallwachstumsverfahren geführt: Epitaxie – epi taxis = über der Ordnung (Wachstum in der Ordnung wie darunter).

„Genug Zeit" bedeutet, dass beim Kristallwachstum der Kristalloberfläche so wenig Atome pro Zeiteinheit angeboten werden, dass sie Zeit haben, den „richtigen" Platz zu finden und dort quasi „einzurasten", ohne zuvor von nachfolgenden Atomen weggeschossen zu werden. Das heißt: etwa $^1/_2$ s. Wenn eine Schicht von 1 µm Stärke[3] gewachsen werden soll, wird dafür etwa eine Zeitdauer von 15 min benötigt. In einer üblichen Aufdampfanlage würde für die gesamte Schicht von 1 µm Stärke nur 1 s benötigt werden; diese Schicht wäre aber amorph, weil die Atome nicht genug Zeit hatten, ihre „richtigen" Plätze zu finden.

Damit die aufwachsenden Atome nicht von anderen von ihrem Platz vertrieben und weggeschossen werden, darf es aber auch kaum andere vagabundierende Atome in der Epitaxie-Anlage geben. Das bedeutet, dass das Kristallwachstum in einer Ultrahochvakuum (UHV)-Kammer stattfinden muss.

---

[1] auch wenn es nicht um ZnS geht

[2] die Ga-Atome ersetzen, z. B. $Al_{0,20}Ga_{0,80}As$ (20 %-Anteil Al-Atome)

[3] ein Hundertstel der Dicke eines menschlichen Haares

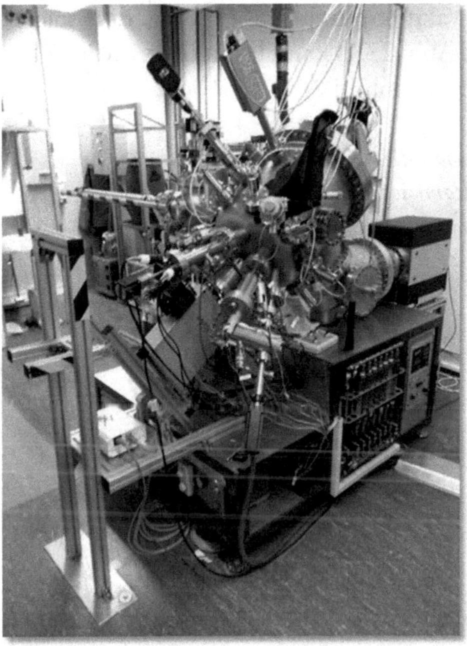

Abb. 27.1 Foto einer Molekularstrahl-Epitaxie-Anlage der Fa. DCA (ohne Elektrosteuerschrank und Steuerrechner)
Dank an die Epitaktiker Goetz Hoffmann, Carsten Schwender, Norbert Herhammer, Dirk Hoffmann, Thomas Löber, Johannes Straßner, Johannes Richter, Ben Bockwinkel und Christoph Döring, außerdem „last, but by no means least" an Udo Schmittat und Jörg Dubberke, ohne deren exzellente Betreuung die Anlage nicht so gut funktioniert hätte!

Das Material der gewünschten Atome wird während des Kristallwachstums in erhitzten Öfen verdampft und auf das Substrat geleitet. Solange dieser Teilchenstrahl noch nicht angestellt ist, ist das Vakuum von besserer Qualität als das im Weltall. Um ein solches Vakuum zu ermöglichen, sind eine extrem dichte Edelstahl-Vakuumkammer und viele sehr gute Vakuumpumpen notwendig. Eine solche Epitaxie-Anlage (s. Abb. 27.1) kann leicht über 1 Mio. € kosten. Aufwand, der sich lohnt!

Will man die Ordnung
der Atome wahren, der
Aufwand sei nicht unterschätzt.

28

„RHEED my strips"

Beugung mit Elektronen, um Kristalloberflächen zu untersuchen

Am 18. August 1988 gab der damalige Präsidentschaftskandidat George H. W. Bush (der Vater!) im US-Wahlkampf folgendes Versprechen: „Read my lips: No new taxes!" (frei übersetzt: „Sie können es mir von den Lippen ablesen: Es wird keine neuen Steuern geben!"). Dennoch musste er in seiner Amtszeit Steuern erhöhen, um den US-Haushalt zu stabilisieren.

In der Überschrift steht RHEED. Das ist eine Abkürzung für „Reflective high energy electron diffraction" („Hochenergieelektronenbeugung in Reflexion"). Mit diesen schnellen Elektronen werden – während der schon erwähnten epitaktischen Herstellung von Halbleiterschichten – häufig Beugungsexperimente an den Oberflächen der Halbleiterscheiben vorgenommen, um Aussagen machen zu können, wie die Oberfläche sich bildet („wächst") und ob sie überhaupt kristallin ist. Die Anordnung von Atomen entlang Linien oder Kristallebenen könnte man als Streifen im Sinne der Beugung wie an einem optischen Streifengitter interpretieren (deswegen der Ausdruck „strips" in der Überschrift).

H. Level, *Die unerträgliche Leichtigkeit der Vitamintablette*,
https://doi.org/10.1007/978-3-662-73033-1_28

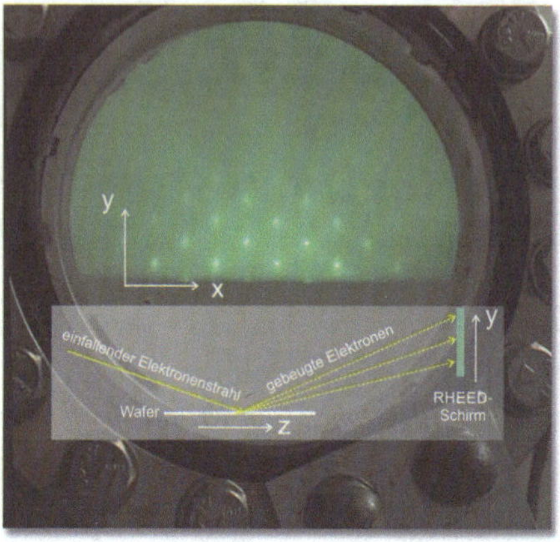

Abb. 28.1 Ein Foto des RHEED-Fluoreszenzschirms einer Molekularstrahlepitaxie-Anlage und als Inset eine Skizze zur Elektronenbeugung in der Vakuumkammer. Der Fluoreszenzschirm ist in der x-y-Ebene „aufgespannt", das Inset zeigt die y-z-Ebene!

Dazu werden Elektronen mit einer Spannung von typischerweise 15 kV (Kilovolt) beschleunigt. Daraufhin haben sie eine Bewegungsenergie von 15 keV (Kilo-Elektronenvolt als Maßangabe für kleine Energien). Die ihnen nach dem Welle-Teilchen-Dualismus der Quantenphysik zuzuordnende Wellenlänge, also ihre de Broglie-Wellenlänge, beträgt dann etwa 0,005 nm (Nanometer), während die Abstände der Atomebenen im Kristall in der Größenordnung von 0,5 nm liegen, also etwa um einen Faktor 100 darüber. Nach den Gesetzen der Beugung, die nach dem Welle-Teilchen-Dualismus auch auf Elektronen anzuwenden sind, ergeben sich Beugungswinkel von wenigen Winkelgrad um die Hauptreflexionsrichtung herum. Das heißt, die Beugungsordnungen liegen nur wenige Winkelgrad auseinander.

In Abb. 28.1 blicken Sie auf den RHEED-Schirm einer Molekularstrahlepitaxie-Anlage. Dahinter befindet sich die

Ultrahochvakuumkammer zur Epitaxie, wo Elektronen streifend auf einen Halbleiter-Wafer treffen und dort von der kristallinen Anordnung reflektiert und gleichzeitig gebeugt werden, wie im Inset in Abb. 28.1 skizziert.

Das Beugungsmuster mit den grünen Punkten als Beugungsordnungen entsteht, weil die Elektronen nach der Beugung an dem „Wafer" auf einen Schirm treffen, wo sie die grün fluoreszierende Beschichtung zum Leuchten anregen. Anhand solcher Muster können die Operateur:innen solcher Anlagen das Halbleiterschicht-Wachstum überwachen. Zum Beispiel kann überprüft werden, ob beim epitaktischen Wachstum sehr glatte Oberflächen („zweidimensional" genannt) oder raue Oberflächen („dreidimensional" genannt) entstehen, bei denen auch Inselwachstum, also Wachstum aus der Ebene heraus in die dritte Dimension, stattfindet.[1] – Im Bild sind unten noch Edelstahlschrauben zu sehen, mit denen der Flansch mit dem RHEED-Schirm an der Anlage festgeschraubt wurde.

Elektronen hier auf
Wafer treffen; Beugung ergibt
das Lichtpunktmuster.

[1] Das aktuelle Bild zeigt das RHEED-Beugungsmuster beim dreidimensionalen Wachstum von Quantenpunkten aus GaAsSb (Galliumarsen(id)antimonid) auf GaAs (Galliumarsenid)-Unterlage/Substrat/Wafer.

29

Lichtbeugung an der Nudelkelle

von der Elektronen- zur Lichtbeugung

Stellen Sie sich vor, Sie kommen an einem sonnigen Tag in Ihre Küche und sehen an der Decke das Leuchtmuster in Abb. 29.1 links, wie es mir selbst passiert ist!

Selbst wenn Sie nicht Physiker:in sind, würden Sie sich wohl doch fragen, woher das Muster stammt. Und es würde wohl nicht lange dauern, bis Sie herausbekämen, dass es von einer metallischen, also reflektierenden Nudelkelle herrührt, die auf der Fensterbank zusammen mit anderen Küchenutensilien in einem Korb aufbewahrt wird (s. Abb. 29.1, rechtes Teilbild).

Zählen Sie bitte die inneren Löcher in der Nudelkelle!

Ganz in der Mitte ist ein Loch; hier reflektiert die Kelle nicht, sondern lässt das Sonnenlicht zum Küchenboden durch. Und im Lichtmuster an der Küchendecke findet sich genau in der Mitte ein dunkler Bereich.

Im ersten Löcherring der Nudelkelle sind gleichmäßig acht Löcher angeordnet. Im ersten Ring des Lichtmusters sind acht dunkle Flecken angeordnet.

Im zweiten Löcherring der Kelle sind 16 Löcher angeordnet. Im zweiten Ring des Lichtmusters sind 16 dunkle Flecken angeordnet.

H. Level, *Die unerträgliche Leichtigkeit der Vitamintablette*,
https://doi.org/10.1007/978-3-662-73033-1_29

Abb. 29.1 Links ein Foto eines Leuchtmusters an einer Küchendecke, rechts ein Foto des „Verursachers", einer reflektierenden, konvex gekrümmten Nudelschöpfkelle

Aber Sie sehen auch, dass die dunklen Flecken nicht kreisrund sind, so wie es die Löcher in der Kelle sind! Denn in diesem Fall kommen drei physikalische Phänomene zusammen:

1) Reflexion des Lichts,
2) Defokussierung des Lichts wie bei einer Zerstreuungslinse, weil die Nudelkelle nicht eben ist, sondern konvex geformt,
3) Beugung des Lichts – da die Küchendecke nicht sehr weit von der Nudelkelle entfernt ist, würde man dies noch zur so genannten „Nahfeldbeugung" zählen.

Alle drei Effekte zusammen führen zu dem Muster, aus dem man erahnen kann, was seine Ursache war; aber es gibt schon deutliche Abweichungen gegenüber einer Anordnung von kreisförmigen dunklen Flecken, die man eventuell naiv erwarten würde.

Wäre die Küchendecke wesentlich höher (also im „Fernfeld", „Fernfeldbeugung"), könnte man aus dem Lichtmuster kaum noch auf die Ausgangsstruktur schließen.

Helle Bereiche und dunkle Flecken würden ineinander verlaufen und ein komplizierteres Beugungsmuster ergeben.

Schon wieder Physik in der Küche!

'Ne Nudelkelle lässt sich
gut gebrauchen, um eine
Küche stylisch auszuleuchten.

30

Galois'sche Streuscheiben

wie Mathematik bei der Lichtstreuung hilft

Am 30. Mai 1832 wurde der junge, französische mathematiker Évariste Galois (geboren 1811) bei einem Duell durch einen Bauchschuss schwer verletzt. Er erlag einen Tag später seinen Verletzungen im Krankenhaus. – Die Berichte, die man zu den Vorgängen finden kann, sind recht unterschiedlich. Deswegen können sie hier nur mit großer Unsicherheit zusammengefasst werden. Danach scheint das Duell nichts mit der extrem republikanischen Gesinnung Galois' zu tun gehabt, sondern sich um die Gunst einer jungen Dame gedreht zu haben (die allerdings auch den Gewinner des Duells verschmähte).

Das Duell fand zwischen Galois und einem sehr guten Freund von ihm aus Republikaner-Kreisen statt. Daher wollten beide den Zufall entscheiden lassen. Offenbar gab es nur einen einzigen Sekundant, und der hatte mit Wissen der beiden Kontrahenten nur eine der beiden Handfeuerwaffen geladen. Beide zielten aufeinander und drückten gleichzeitig ab. Galois wurde getroffen und fiel zu Boden. Vielleicht im Glauben, dass Galois schon tot sei, ließen ihn sein Freund und der Sekundant nach dem Duell zurück. Erst am Nachmittag wurde er von einem Bauern gefunden,

H. Level, *Die unerträgliche Leichtigkeit der Vitamintablette*,
https://doi.org/10.1007/978-3-662-73033-1_30

der ihn in ein Krankenhaus bringen ließ. Das half aber nicht mehr.

Wohl ahnend, wie der Ausgang des Duells sein würde, hatte Galois in der Nacht zuvor viele mathematische Gedanken aufgeschrieben, um sie für die Fach- und Nachwelt zu sichern. Man ist versucht zu sagen, dass er doch lieber hätte schlafen sollen, um am Morgen ausgeruht zu sein und besser zu schießen. Aber dadurch, dass nur eine Waffe geladen war, ist dieser Gedanke hinfällig. Es war nur der Zufall am Werk, nicht die Müdigkeit.

Das, was Évariste Galois in jener Nacht aufschrieb, wird in der Mathematik heute Galois-Theorie genannt. Sie hat mit Zahlentheorie und Algebra zu tun. Letztere befasst sich mit den Eigenschaften und Besonderheiten aller Rechenoperationen und mit den Gesetzen zum Umformen von Gleichungen.

Aus der Theorie haben nicht nur, aber auch die so genannten *binären* Galois'schen Zahlenfolgen Eingang in die Anwendung gefunden. Das sind Folgen von Einsen und Nullen, deren Anordnungsmuster sich erst nach einer Maximalzahl von Permutationen/Variationen wiederholt. Solche Zahlenfolgen haben also die geringstmögliche Periodizität.

Nun stellen Sie sich bitte vor, dass solche Folgen genutzt werden sollen, um optische Beugungsgitter herzustellen! Durch lithografische Verfahren werden in die Oberfläche einer Glasplatte Vertiefungen eingebracht, die für die Nullen stehen. Die *un*vertieften Stellen, also die Erhebungen, stehen für die Einsen. Die Zahlenfolge wird in einer (hier unwichtigen) Weise auf die zwei Dimensionen der Glasplattenfläche „abgewickelt".

Beugungsgitter bestehen sonst aus einer *regelmäßigen* Anordnung von Streifen oder Vertiefungen und Erhebungen. Die Streifenperiode liegt im Bereich der Wellenlänge des

Abb. 30.1 Eine rasterelektronenmikroskopische Aufnahme einer optischen Galois'schen Streuscheibe. Die Kantenlänge jedes „Pixels" beträgt etwa 316 Nanometer! Die Breite des Ausschnitts entspricht etwa 73 Mikrometer, weniger als einer Haaresbreite. mit freundlicher Genehmigung des NSC der RPTU in Kaiserslautern

Lichts, so dass es zur optischen Beugung mit deutlichen Ablenkungen des Lichts kommt. Bei einer festen Periode gibt es oft mehrere Beugungsordnungen, in die das Licht abgelenkt wird, eine in Geradeausrichtung mit hoher Beugungsintensität und zu den Seiten andere, deren Intensitäten seitwärts sehr schnell abfallen.

Bei zweidimensionalen Beugungsgittern auf Basis von Galois'schen Zahlenfolgen, das heißt bei so genannten „Galois'schen Streuscheiben", handelt es sich aber um Gitter, die keinen festen Abstand der Erhebungen enthalten (s. Abb. 30.1). Umgekehrt formuliert: das Gitter enthält sehr viele verschiedene Abstände der Erhebungen gleichzeitig.

Das führt dazu, dass eine Vielzahl von Beugungsordnungen existiert – noch dazu *mit einer ähnlich hohen Beugungsintensität.*

Die Idee, Galois'sche Zahlenfolgen für Streuscheiben (aus Holz) einzusetzen, mit denen *akustische* Wellen in alle Richtungen gebeugt/gestreut werden können, hatte wohl zuerst Manfred Robert Schroeder (1926–2009), ein Physik-Professor an der renommierten Uni Göttingen und gleichzeitig Mitarbeiter der renommierten Bell Laboratories in New Jersey in den USA. M. R. Schroeder verbesserte mit den hölzernen Streuscheiben erfolgreich die Akustik von Konzertsälen auf der ganzen Welt.

Durch die Verwendung Galois'scher Streuscheiben konnte er unerwünschte Schallreflexionen reduzieren und die Schallintensität fast gleichmäßig auf die vielen verschiedenen Ordnungen im Konzertsaal verteilen. Unerwünschter Hall (zu spät kommende Echos) wurde vermieden, eine gleichmäßige Beschallung der Säle wurde erreicht. Dafür wurden auf Decken und Wänden große Holzplatten mit Vertiefungen und Erhöhungen angebracht.

Die einzelnen Elemente (im Optischen quasi „Pixel") sollen Kantenlängen von einer halben mittleren Wellenlänge haben und ein Viertel der mittleren Wellenlänge tief sein. In der Akustik ist es relativ einfach, solche Muster herzustellen. Es erfordert Strukturen von einigen zehn Zentimetern Kantenlänge. Das kann jede Tischler:in.

In der Optik geht es nicht um Schallwellen, sondern um elektromagnetische Wellen, und die Wellenlängen des sichtbaren Lichts liegen bei etwa einem Hundertstel der Dicke eines menschlichen Haares. Die Herstellung Galois'scher optischer Streuscheiben ist also wesentlich schwieriger als in der Akustik, aber das Funktionsprinzip bleibt dasselbe.

In Abb. 30.2 sehen Sie einen Ausschnitt aus einem Beugungsmuster, das im Labor mit einer optischen Streuscheibe erzielt wurde. Das Licht eines Helium-Neon-Lasers mit einer Wellenlänge von 633 nm (Nanometer!) wurde für

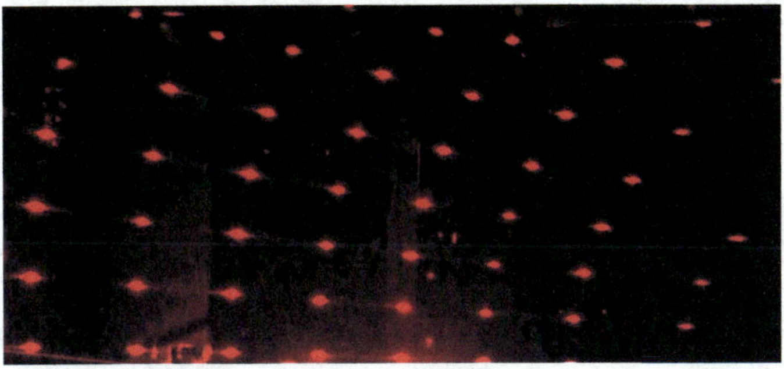

Abb. 30.2 Foto eines Ausschnitts des im Labor erzielten Beugungsmusters vor einer Galois'schen Streuscheibe: zahlreiche Beugungsordnungen mit ähnlicher Streuintensität sind zu erkennen; die verwendete Wellenlänge beträgt 633 nm (das ist ‚rot').

das Experiment eingesetzt, indem es auf die Streuscheibe gelenkt wurde. Auf den Platten, von denen der Versuchstisch umrahmt ist, waren zahlreiche Beugungsordnungen mit ähnlicher Intensität zu sehen. *Wie immer hilft die Mathematik der Physik und Anwendung!*

Galois' Leben
ausgehaucht. Was hätte er
der Mathewelt wohl noch gegeben?!

31

Revolution mit Strahlkraft

Halbleiter-Laser und -Leuchtdioden

Manchmal kommt es vor, dass etwas Bekanntes völlig neu erfunden wird. Die Kaffeemaschine zum Beispiel hat in den letzten 70 Jahren mindestens zwei komplette Erneuerungen erfahren – hin zu einem High Tech-Gerät ohne oder mit Kaffee-Pads. Und die neuen Varianten haben so viele Vorteile, dass die meisten Menschen sie nicht mehr missen möchten. Der Begriff „Revolution" ist nur ein wenig zu hoch gegriffen. Das Fahrrad gehört heute wohl in eine ähnliche Kategorie mit seiner mehrfachen Transformation bis hin zum Pedelec.

Aber manchmal sind technische Revolutionen für Laien über lange Zeit kaum erkennbar. Dazu gehört als dritte hier zu nennende Revolution die Transformation von der elektrischen zur optischen Nachrichtenübertragung. Statt Metallkabeln oder metallischen Hohlleitern dienen dabei hauchfeine, lange Glasfasern zur Datenübermittlung. Die Datenraten sind gegenüber der *frühen* elektrischen Übertragung vielbillionenfach gestiegen. Auch die Qualität der Übertragung konnte gesteigert werden. Wer schon einmal das (mittlerweile gar nicht mehr so seltene) Glück hatte, mit einem Bekannten in den USA via Glasfaser telefonieren

H. Level, *Die unerträgliche Leichtigkeit der Vitamintablette*,
https://doi.org/10.1007/978-3-662-73033-1_31

zu können, weiß, was gemeint ist. Es scheint so, als stünde der Bekannte im Nebenraum, und die Unterhaltung fände durch die offene Zimmertür statt. Die größten Störgeräusche kommen aus den Häusern der Gesprächspartner.

Für die optische Nachrichtentechnik war nicht nur die Entwicklung erstklassiger Glasfasern wichtig, sondern auch die Entwicklung von Halbleiterlasern. Die Bezeichnung „Halbleiter" bezieht sich darauf, dass die grundlegenden Materialien weder gute elektrische Leiter, wie Metalle, noch gute elektrische Isolatoren, sondern anorganische Halbleiter sind. Bei der Langstrecken-Nachrichtenübertragung über Tausende von Kilometern ist dies der III/V-Halbleiter InGaAsP (IndiumGalliumArsen(id)Phosphid) mit Elementen aus der Gruppe III und der Gruppe V des Periodensystems der Elemente. Bei kürzeren Übertragungsstrecken reicht auch der kostengünstigere III/V-Halbleiter AlGaAs (AluminiumGalliumArsenid) aus.

Halbleiterlaser haben den Vorteil, dass sie sehr klein sind (etwa so groß wie ein Zuckerkörnchen – s. Abb. 31.1) und dass sie elektrisch (durch Strom) betrieben werden können. Durch schnelles An- und Abschalten des Betriebsstroms des Lasers können Einsen und Nullen als Lichtpulse definiert und über eine Glasfaser übertragen werden.[1]

Quasi als Abfallprodukt der Entwicklung von Halbleiterlasern für die optische Nachrichtentechnik können Leuchtdioden (LED, „light emitting diodes") gesehen werden.[2]

Leuchtdioden sind Vorstufen von Halbleiterlasern. Ihnen fehlen spiegelnde Endflächen, die dafür sorgen wür-

---

[1] Tatsächlich wird die Modulation etwas anders gemacht, was hier aber unwichtig ist.

[2] Allerdings wurde die Leuchtdiodenentwicklung auch vor dem Hintergrund der Verbesserung von Farbdisplays vorangetrieben, und dabei kommen auch organische Halbleiter zum Einsatz → denken Sie bitte an OLED-TV-Geräte; OLED steht für *„organic light emitting diodes"*.

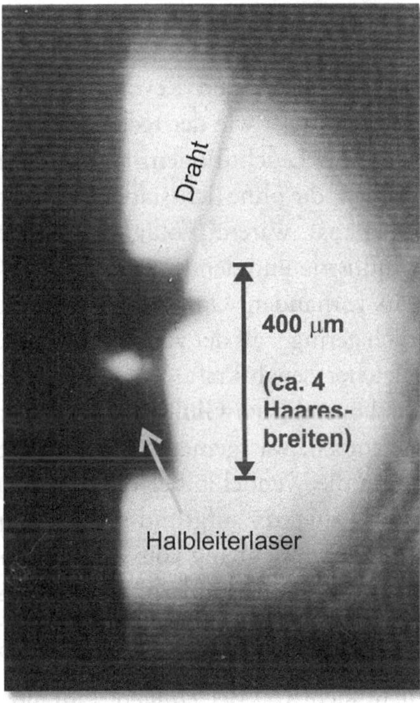

Abb. 31.1 Fotoausschnitt eines Schwarzweiß-Kamera-Bildschirms, auf dem das Schattenbild eines nicht angeschalteten Halbleiterlasers im Gegenlicht zu sehen ist. Links ist dunkel die Kontaktfläche zu erkennen, oben rechts schwach der Versorgungsdraht. Der Laser hat eine Höhe von 400 µm, also etwa vier Haaresbreiten. Der helle kleine Fleck auf der Laserfacette stammt nicht von einem Loch, sondern stellt das Ende des Wellenleiters dar, in dem sonst das Laserlicht erzeugt und geführt wird. Ein Teil des Gegenlichts wird auch geführt und verlässt den Laser in Richtung auf die Kamera.

den, dass die Strahlung hauptsächlich in eine bestimmte Richtung ginge. Das mag sich zunächst nachteilig anhören. Aber für die typische Anwendung einer Leuchtdiode ist es sogar besser, dass die Strahlung in einen großen Raumbereich und nicht nur in eine bestimmte Richtung emittiert wird.

So sind wir bei der vierten Revolution angekommen. Moderne „Leuchtmittel", wie der technische Ausdruck ist, beinhalten heute oft Leuchtdioden. Und es gibt Lampentypen und -formen, die ohne lichtstarke LED vor 20 Jahren noch kaum denkbar waren. Völlig neue Beleuchtungskonzepte für Industrie und den privaten Bereich sind möglich und bereits vorhanden. Und der Energieverbrauch der LED ist deutlich geringer als der von herkömmlichen Lichtquellen mit gleicher Leuchtkraft. *Woran liegt das?*

Bei einer herkömmlichen Glühbirne (hoffentlich wissen die Leser:innen noch, was gemeint ist) wurde ein Stromfluss genutzt, um die Wendel in der Birne heiß zu machen. Jeder Gegenstand leuchtet aufgrund seiner Temperatur; es wird in diesem Zusammenhang vom „thermischen Leuchten" und von „Temperaturstrahlern" gesprochen. Bei kleinen Temperaturen ist die Strahlung sehr schwach und liegt hauptsächlich im infraroten Spektralbereich, ist also für uns Menschen nicht sichtbar. Bei einigen Tausend °C ist die Strahlungsleistung höher, und die Emission liegt zu einem nicht unerheblichen Teil im sichtbaren Spektralbereich, der so heißt, weil diese elektromagnetische Strahlung für unser menschliches Auge sichtbar ist. Und genau das wird bei der Glühbirne ausgenutzt. Die Glühwendel wird so heiß (einige Tausend °C), dass sie sichtbar leuchtet.

Aber diese Emission im Sichtbaren setzt eine relativ große Erwärmung durch relativ große Ströme grob im Bereich um $^1/_4$ A (Ampere) voraus, bei elektrischen Effektivwechselspannungen von 230 V (Volt). Das kostet viel elektrische Energie und Leistung. Die Erhitzung der Wendel ist eine Folge der Reibung, die die Elektronen erfahren, wenn sie sich aufgrund der angelegten Netzspannung durch die Wendel bewegen. Reibung bedeutet hier Abbremsung durch elektrische (Coulombsche) Wechselwirkung mit den anderen negativ geladenen, freien Elektronen und mit den positiv geladenen Atomrümpfen in der Wendel. Die elektrische Leistung geht überwiegend in die Reibungswärme.

Mit dieser Erwärmung ist ein thermisches Leuchten verbunden; ein Teil der Reibungswärme wird also in elektromagnetische Wellen umgewandelt und emittiert. Aber dieses thermische Leuchten umfasst einen riesigen Spektralbereich, auch beidseits des sichtbaren Spektrums, das heißt sowohl im Ultravioletten (UV) als auch im Infraroten (IR). Und diese Anteile sind vom menschlichen Auge nicht nutzbar; sie sind quasi verschwendet. Die Lichtausbeute im Sichtbaren ist dadurch relativ gering.

Bei LED wird die Strahlung erzeugt, weil Elektronen durch angelegte Spannungen und fließende Ströme auf höhere Energieniveaus gebracht werden, von dort auf freie Plätze auf tieferen Energieniveaus zurückfallen und dabei ihre überschüssige Energie – wie gewünscht – in Form von Licht abgeben. Die elektrischen Kenngrößen, die erreicht werden müssen, um genug Elektronen auf erhöhte Energieniveaus zu befördern, liegen grob im Bereich von nur einigen 10 mA (Milliampere) und Betriebsspannungen von einigen wenigen Volt.[3]

Bei solchen LED ist die Strahlung wegen des diskreten Elektronenübergangs zwischen zwei Energieniveaus recht schmalbandig; man spricht von „Linienstrahlern". Einfache LED strahlen mit einer typischen Farbe, wie zum Beispiel Rot. Soll der Farbeindruck ‚Weiß' erzielt werden, müssen LED kombiniert werden, die rotes, grünes und blaues Licht abgeben.

Jedenfalls wird bei LED die – geringe – elektrische Energie auch nur in die gewünschten elektronischen Über-

[3] Die Netzspannung wird dafür sogar deutlich heruntertransformiert – und gleichgerichtet (aus Wechselspannung mach' Gleichspannung).

gänge – diejenigen mit den gewünschten Farben – und nicht in Spektralbereiche gesteckt, die das menschliche Auge nicht nutzen kann. Das macht das Ganze noch effizienter!

Die Leuchtdiode
ist ein sparsam' Ding, doch kommen
die Rekorde kaum an's Licht.

32

Molekültanz im CO_2-Laser

wie Molekülschwingungen zur Laseremission genutzt werden

Schon im letzten Kapitel (Kap. 31) wurde erwähnt, dass für die Lichtemission von Halbleiter-Leuchtdioden und -Laserdioden Energieniveaus von Elektronen in Halbleiterkristallen genutzt werden. Die Elektronen werden irgendwie[1] auf ein höheres Energieniveau angeregt und fallen von dort wieder auf das tiefere Niveau hinunter. Dabei geben sie die überschüssige Energie (hoffentlich) in Form von Licht ab. Das macht das Leuchten der Bauelemente aus. – Unterschiede von elektronischen Energieniveaus werden in Lasern sehr häufig genutzt. Aber es gibt auch Ausnahmen. Eine Ausnahme stellt der CO_2-Laser (Kohlendioxid-Gas-Laser) dar. Er wurde schon 1964 entwickelt, ist also ein vergleichsweise altertümlicher Laser. Aber er wird teilweise auch heute noch aufgrund seiner Eigenschaften genutzt – insbesondere zur Materialbearbeitung.

Beim CO_2-Laser wird nur ein (im Sinne des Bohrschen Atommodells) *einzelnes* elektronisches Niveau genutzt, das allerdings aufgrund der Schwingungsmöglichkeiten des Moleküls unterschiedliche Unterniveaus („Schwingungs-

[1] Wie genau, ist hier nicht wichtig!

H. Level, *Die unerträgliche Leichtigkeit der Vitamintablette*,
https://doi.org/10.1007/978-3-662-73033-1_32

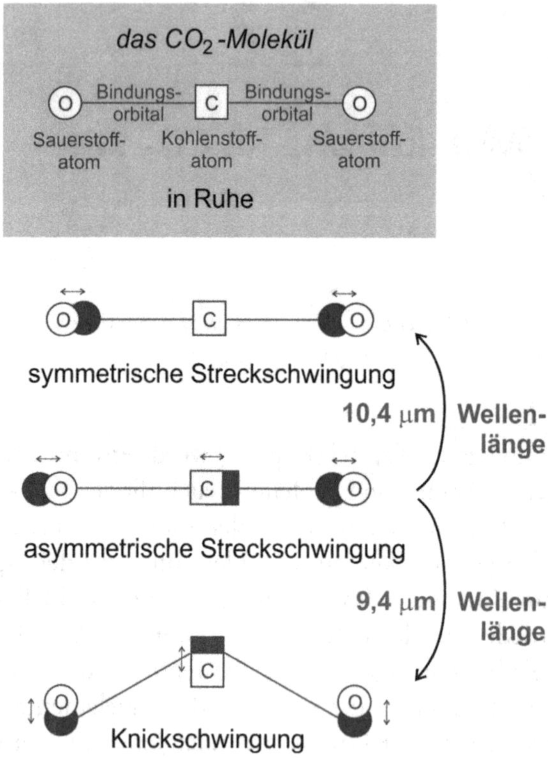

Abb. 32.1 Skizzen zum CO_2-Molekül, oben die symmetrische Grundstruktur mit dem Kohlenstoffatom in der Mitte, unten drei Skizzen zu den drei Grundschwingungsarten

niveaus") aufweist. – Das CO_2-Molekül hat drei Möglichkeiten, mechanisch zu schwingen; die Bindungsorbitale, die man sich im mechanischen Analogon als Spiralfedern zwischen den Atomen vorstellen mag, sind in den Zeichnungen in Abb. 32.1 als gerade Striche dargestellt:

1) die beiden O-Atome schwingen spiegelsymmetrisch um das C-Atom auf einer geraden Verbindungslinie aller drei Atome („symmetrische Streckschwingung"),

2) die O-Atome schwingen asymmetrisch auf der genannten Linie („asymmetrische Streckschwingung"),
3) die Schwingung findet nicht mehr auf einer Linie aller drei Atome statt, sondern das C-Atom schwingt zunächst nach „oben", während die O-Atome zunächst beide nach „unten" schwingen oder umgekehrt („Knickschwingung").

In der asymmetrischen Streckschwingung steckt die meiste Energie, … für die Schwingung wird die meiste Energie gebraucht. Die nächstgeringere Energie wird von der symmetrischen Streckschwingung beansprucht. Die geringste Energie ist mit der Knickschwingung verbunden. – Wenn die Moleküle von der asymmetrischen Streckschwingung in die Knickschwingung verfallen, emittieren sie ihre überschüssige Energie als Mittelinfrarotstrahlung bei einer Wellenlänge von 9,4 µm (Mikrometer!). Wenn sie von der asymmetrischen in die symmetrische Streckschwingung verfallen, senden sie Mittelinfrarotstrahlung bei 10,4 µm aus. Das ist die Haupt-Emissionslinie der CO_2-Laser.

Der Molekültanz
lässt den Laser leuchten; im
Mittelinfrarot erscheint das Licht.

33

Temperaturstrahler

Die Sonne ist ein „Schwarzer Strahler"!?

Warum strahlen Körper elektromagnetische Strahlung aufgrund ihrer Erwärmung oder Temperatur ab?

Atome und Moleküle sind teilweise aus elektrisch positiv oder negativ geladenen Bestandteilen aufgebaut. Und selbst in einer Festkörperprobe, quasi als großes Molekül verstanden, wird es immer Verschiebungen der ionischen Anteile gegeneinander geben – auch in einem Kristall mit überwiegend kovalenter Bindung. Und selbst bei einem Diamantkristall, bei dem die einzelnen Bindungen nominell zu 100 % kovalent sein sollten, gibt es aufgrund der Erwärmung der Probe und des damit verbundenen „Wackelns" der Atome um ihre mittlere Position Verschiebungen von Ladungen und somit ionische Bindungsanteile.

Immer wenn Ladungen beschleunigt werden, strahlen sie einen Teil ihrer Energie in Form von elektromagnetischer Strahlung ab. Das liegt daran, dass ihr elektrisches Feld bei ihrer Beschleunigung oder Abbremsung[1] verbeult wird. Und diese Störung des Felds beinhaltet eine Energieabnahme; dieser Energieanteil wird abgestrahlt.[2] Das heißt,

---

[1] als negativer Beschleunigung

[2] wie man aufwendig aus den Maxwellschen Gleichungen herleiten kann

H. Level, *Die unerträgliche Leichtigkeit der Vitamintablette*,
https://doi.org/10.1007/978-3-662-73033-1_33

Abb. 33.1 *Foto von Katzen neben einem Ölradiator* mit freundlicher Genehmigung von Bärbel Rethfeld

einfach weil alle Atome/Moleküle aufgrund ihrer temperaturbedingten Bewegung Ladungsverschiebungen erfahren, senden alle Objekte Strahlung aus. Sie wird „Wärme-" oder „Temperaturstrahlung" genannt (s. Abb. Abb. 33.1).

Mir persönlich ist der zweite Ausdruck lieber, da der Begriff „Wärmestrahlung" mittlerweile fast nur noch für das nahe und mittlere Infrarot verwendet wird. Aber die beschriebene Strahlung taucht in vielen Spektralbereichen auf.

Bei kleinen Temperaturen bis hinauf zu wenigen Hundert Grad Celsius liegt der Hauptanteil dieser Strahlung tatsächlich im Infraroten. Bei Temperaturen von einigen Tausend Grad Celsius wird ein Großteil der Strahlung im Sichtbaren emittiert. Und bei noch deutlich höheren Temperaturen erfolgt die Abstrahlung hauptsächlich im Ultravioletten; ein kleiner Teil ist für unsere menschlichen Augen dann noch als bläulicher Schimmer erkennbar. Blaue Sterne sind also besonders heiß und nicht etwa besonders kalt (wie uns womöglich unsere Gewohnheit mit Wasserhahn-Markierungen glauben machen könnte).

Unsere Sonne hat eine Oberflächentemperatur – das ist die Temperatur, auf die es für das Spektrum der Temperaturstrahlung ankommt – von etwa 5500 °C oder ≈5770 K

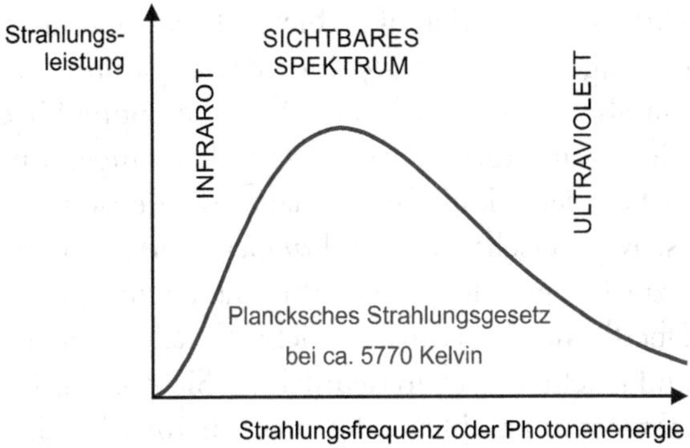

Abb. 33.2 Diagramm zum Planckschen Strahlungsgesetz im Fall einer Temperatur von 5770 K (Oberflächentemperatur der Sonne). Der größte Anteil der Strahlung wird im sichtbaren Spektralbereich emittiert.

(Kelvin). Danach hat sich die Evolution gerichtet und entsprechend unsere Augenempfindlichkeit eingestellt. Die Temperaturstrahlung der Sonne ist im gesamten sichtbaren Spektralbereich sehr intensiv, wie in Abb. 33.2 zu erkennen. Der Gesamtfarbeindruck ist weiß.

Man könnte etwas mutig die Sonne den „Schwarzen Strahlern" – das ist ein Fachausdruck – zuordnen. Gemeint ist folgendes: Objekte, die im gesamten sichtbaren Spektrum, aber auch darüber hinaus, elektromagnetische Wellen abstrahlen können, nehmen auch in diesem gesamten Spektralbereich elektromagnetische Wellen auf, absorbieren sie.

Wenn das jeweilige Objekt maximal nur einige Hundert Grad Celsius warm ist, so dass wir Menschen seine Temperaturstrahlung (die ja hauptsächlich im Infraroten liegt) nicht sehen können, bedeutet die Absorption im gesamten sichtbaren Spektrum aber, dass uns Menschen dieses Objekt schwarz erscheint (alle Wellenlängen – auch alle im Sichtbaren – werden absorbiert). Es wird keine Strahlung zurückgestreut. *Das Objekt ist schwarz für unsere Augen.*

Wenn also – völlig hypothetisch – die Sonne für einige Sekunden nur noch eine Oberflächentemperatur von einigen Hundert Grad Celsius hätte, würde sie uns Menschen schwarz erscheinen. Und *in diesem Sinne* ist auch die Sonne zur Gruppe der Schwarzen Strahler zu zählen. Aber ihre Oberfläche ist natürlich nicht so kalt, sondern sehr heiß und leuchtet deshalb deutlich im Sichtbaren. Der Begriff „Temperaturstrahler" oder auch „thermischer Strahler" ist weniger verwirrend und deswegen vorzuziehen.

Allerdings sind im kontinuierlichen Spektrum der temperaturstrahlenden Sonne noch diskrete Absorptionslinien zu beobachten, die so genannten „Fraunhofer-Linien", die mit elektronischen Energieübergängen in den Gasmolekülen der Sonne und in den molekülen unserer Erdatmosphäre zu tun haben.

Die Sonne ist ein
„Schwarzer Strahler"; doch anders
ist es hier gemeint.

34

Thermobilder

Fotografie mit Wärmestrahlung

Wenn wir Menschen von „Bildern" sprechen, meinen wir meistens Fotos, die im sichtbaren Spektralbereich aufgenommen wurden, also in dem Bereich von Wellenlängen elektromagnetischer Strahlung, für den unsere Augen empfindlich sind. Dann dürfen wir von „Licht" sprechen. Die beteiligten Wellenlängen reichen von 380 nm (Nanometer!) [türkis] bis ca. 780 nm [tiefrot].

Nun ist der sichtbare Spektralbereich nur ein kleiner Teil des Bereichs von Wellenlängen, in dem elektromagnetische Wellen genutzt werden. Jenseits des Roten folgt das Infrarot, das bis zu einer Wellenlänge von etwa 100.000 nm (=100 µm) reicht. Dieser Bereich wird auch gerne als Wärmestrahlung bezeichnet, weil in diesem Bereich Wärme abgestrahlt wird, … weil wir diese Strahlung als warm empfinden. Wir Menschen können diese Strahlung auf der Haut „fühlen", aber nicht mit unseren Augen „sehen".

Um Wärmestrahlung „wahrnehmen" zu können, müssen spezielle Kameras eingesetzt werden, die mindestens in einem Teil des Wärmestrahlungsbereichs empfindlich sind. Solche Kameras heißen aus offensichtlichen Gründen „Thermokameras".

H. Level, *Die unerträgliche Leichtigkeit der Vitamintablette*,
https://doi.org/10.1007/978-3-662-73033-1_34

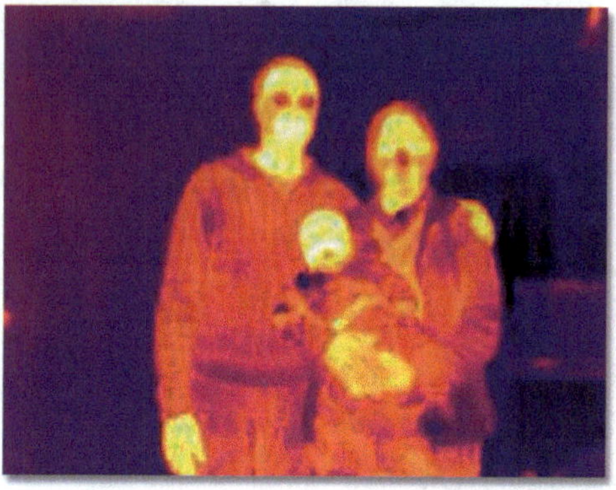

Abb. 34.1 Thermobild eines Ehepaares mit Kind

In Zeiten, in denen wir alle auf Energiesparen achten und zum Beispiel möglichst wenig Wärme aus dem Haus entweichen lassen wollen, werden immer häufiger Thermokameras eingesetzt, um diesbezügliche Schwachstellen von Häusern festzustellen.

„Thermobilder" sind „Falschfarbenbilder", weil die dargestellten Farben nicht den wirklichen Farben entsprechen, unter denen die Objekte im Tageslicht erscheinen. Häufig wird angenommen, dass die Wellenlängen einfach transponiert werden, so wie bei Schallwellen ein Musikstück zum Beispiel von C-Dur nach G-Dur transponiert wird. Die „falschen Farben" in „Thermobildern" sind aber nicht vom Infraroten ins Sichtbare transponiert, sondern stehen für die Intensität, mit der die Wärmestrahlung erfolgt. Helle Farben stehen oft für hohe Intensitäten, dunkle Farben für relativ geringe Wärmestrahlungsintensitäten.

In Abb. 34.1 sehen Sie ein Thermobild eines netten Ehepaares mit Kind – entstanden in einem Winter, aber in einem Gebäude. Überall, wo die Körper nicht bedeckt sind, das heißt an den Gesichtern und Händen, wird viel Wärme abgestrahlt. Gut zu erkennen ist auch, dass der Herr eine

Brille trägt; das Brillenglas ist für Wärmestrahlung nur wenig durchlässig. Die Dame hat leider eine kalte Nase. Pullover und Jacke scheinen die Drei gut zu wärmen; denn es wird von dort nicht allzu viel Wärme abgestrahlt.

Menschliche Wärme
kann man spüren; auch sehen
mit'ner Thermokamera.

35

Einstein, Lorentz und die parallelen Kupferdrähte

die spezielle Relativitätstheorie im Alltag

Nahezu jeder erwachsene Mensch kennt die Formel $E = m \cdot c^2$, wonach Energie E und Masse m gleichwertig sind. Das Quadrat der Lichtgeschwindigkeit (c^2) steht hier quasi als Wechselkurs: für m an Masse gibt es E an Energie im Umtausch. Diese vielleicht berühmteste Formel der Welt ist ein Ergebnis der Speziellen Relativitätstheorie von Albert Einstein (1879-1955), zu welcher viele Menschen, unter anderem auch David Hilbert, Emmy Noether und Hendrik Antoon Lorentz, wichtige Beiträge geleistet haben.

Diese Theorie beinhaltet aber auch andere Ergebnisse, die mindestens genauso faszinierend sind. Eine dieser weiteren Aussagen ist, dass bewegte Objekte/Gegenstände kürzer sind, als wenn sie unbewegt wären … wohlgemerkt „sind" und nicht „erscheinen" … es handelt sich *nicht* um optische Täuschungen. Der physikalische Fachausdruck ist „Relativistische Längenkontraktion".

Der Effekt gilt für jedes Objekt, egal wie schnell oder langsam es sich bewegt, ist aber in seiner Stärke von der Geschwindigkeit abhängig und steigt mit der Geschwindigkeit. Für bewegte Objekte unseres Alltags ist die Längenverkürzung sehr gering.

H. Level, *Die unerträgliche Leichtigkeit der Vitamintablette*,
https://doi.org/10.1007/978-3-662-73033-1_35

Selbst für ein 2,50 m langes Auto, das mit 50 km/h (etwa 14 m/s) fährt, ist die Verkürzung mit einfachen Mitteln und Methoden gar nicht zu berechnen, weil die üblichen Rechner nicht genug Zahlenstellen und Genauigkeit haben, um die kleine Verkürzung überhaupt berechnen oder anzeigen zu können.

Bei einem anderen Beispiel am Rande unseres Alltags geht es gerade noch: Ein Airbus A380 hat eine Länge von 73 m und fliegt typischerweise mit einer Reisegeschwindigkeit von 940 km/h (261 m/s). Die Verkürzung durch die Längenkontraktion beläuft sich auf 28 pm (Pikometer!). Das ist etwa ein Viertel des Durchmessers eines Wasserstoffatoms. Die Reisenden brauchen also keine Sorge zu haben, näher zusammenrücken zu müssen. (Außerdem – ganz wichtig: auch die Reisenden selbst und alles andere erfahren dieselbe relative Verkürzung ihrer Ausdehnung in Flugrichtung, so dass *im* Flugzeug sowieso keine Verkürzung auftritt.) Die Längenkontraktion scheint also im Alltag unwichtig zu sein. Erst bei Geschwindigkeiten ab etwa einem Drittel der Vakuum-Lichtgeschwindigkeit ($^1/_3 \cdot 300.000$ km/s) aufwärts wird der Effekt deutlich.

Und doch! Auch im Alltag kann die relativistische Längenkontraktion über Umwege zu markanten Effekten führen – selbst bei noch kleineren Geschwindigkeiten als den genannten. Dies soll gleich diskutiert werden.

Aber vorab muss folgendes erwähnt werden: In einem Kupferdraht sorgen die freien Elektronen für die elektrische Leitung und den Stromfluss. „Frei" heißen sie, weil sie nicht an ihre ursprünglichen Kupferatome gebunden sind, sondern sich bei angelegter Spannung durch den Draht bewegen können. Durch Stöße mit anderen Elektronen und den Atomrümpfen (das sind die Atome ohne ihre freien Elektronen) wird die Bewegung aber doch gebremst, und die resultierende Geschwindigkeit v der Elektronen liegt bei nur einigen Millimetern pro Sekunde (mm/s). Aber selbst diese furchtbar langsamen Elektronen *in und mit ihren Kupferdrähten* erfahren eine Relativistische Längenkontraktion.

Nun wieder zur Hauptsache: Jeder stromdurchflossene Draht ist von einem Magnetfeld umgeben. Je näher am Draht gemessen wird, desto größer ist das Magnetfeld. Werden zwei stromdurchflossene Drähte parallel und relativ dicht zueinander zum Beispiel von oben nach unten aufgehängt, erfahren sie durch die Wechselwirkung der beiden Magnetfelder eine deutliche Kraft aufeinander, wenn die Stromstärken im Ampere-Bereich liegen. (Bitte nicht selbst ausprobieren!).

Sind die Strom*richtungen* in beiden Drähten gleich, ziehen sich die Drähte an. Sind die Strom*richtungen* entgegengesetzt, stoßen sich die Drähte ab. Die Ladungsträger in den Drähten üben jeweils eine Kraft aufeinander aus. Die Kraft, die hier ins Spiel kommt, heißt Lorentz-Kraft, nach Hendrik Lorentz, dessen Name oben schon fiel. Und das ist kein Zufall: diese Kraft kann nämlich mit der Relativistischen Längenkontraktion erklärt werden.

Zur Veranschaulichung beachten Sie bitte Abb. 35.1! Im linken Draht wird jeweils nur ein einzelnes Elektron – quasi als Testelektron – betrachtet. Der rechte Draht wird gedanklich in zwei Teile aufgespalten: einen „Elektronendraht" (bei dem nur die freien Elektronen rechts betrachtet werden) und einen „Atomrümpfedraht" (bei dem alles andere, also der rechte Draht ohne die freien Elektronen betrachtet wird). Der Elektronendraht ist negativ geladen, der Atomrümpfedraht positiv.

Für jedes *einzelne* mit der Geschwindigkeit v bewegte, freie, negativ geladene *Testelektron* in dem *linken* Draht ist die ruhende Anordnung der positiv geladenen Atomrümpfe in dem *anderen/rechten* Draht auf eine etwas kleinere Länge zusammengedrängt. Dieselbe Anzahl von Atomrümpfen

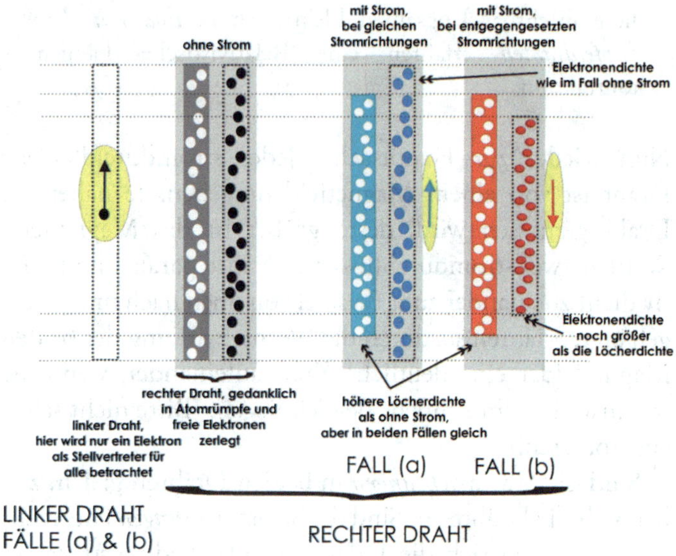

Abb. 35.1 Skizzen zur Veranschaulichung der relativistischen Längenkontraktion bei zwei parallelen, stromdurchflossenen Drähten. Der rechte Draht wird gedanklich in einen Elektronendraht und einen Atomrümpfedraht zerlegt. Fall (a) bedeutet dieselbe Stromrichtung im linken und im rechten Draht, Fall (b) entgegengesetzte Stromrichtungen.

auf einer kleineren Länge: die Atomrümpfe sind dichter zusammengedrängt. Wissenschaftlich formuliert: die Ladungsdichte der positiv geladenen Atomrümpfe im rechten Draht ist durch den Stromfluss – aus Sicht jedes einzelnen Elektrons im linken Draht – größer geworden. – Dabei kommt es nur auf die Relativgeschwindigkeit an; dass sich die Elektronen links und nicht die Atomrümpfe rechts bewegen, ist dabei unwichtig.

Durch die zusammengedrängten Atomrümpfe (ihre größere Ladungsdichte) im rechten Draht ergibt sich eine relativ starke elektrische (Coulombsche) *Anziehung* jedes freien, bewegten Elektrons im linken Draht (und umgekehrt).

Was ist mit der Abstoßung *durch die Elektronen rechts?*

Wenn in beiden Kupferdrähten die Stromrichtung dieselbe ist (Fall (a)), haben die einzelnen Elektronen in dem *linken* Draht keine Relativgeschwindigkeit zu den Elektronen im *rechten* Draht. Letztere werden also *nicht* auf eine kürzere Strecke zusammengedrängt. So ergibt sich eine etwas kleinere Ladungsdichte durch die negativ geladenen Elektronen und, damit verbunden, eine etwas kleinere *Abstoßung* im Vergleich zur Anziehung durch die Atomrümpfe. *Netto bleibt eine anziehende Kraft übrig,* die als Lorentz-Kraft interpretiert werden kann. Und die seitlich abgelenkten Elektronen reißen den ganzen Draht hinter sich her (ebenfalls durch Coulombsche Anziehung der Atomrümpfe).

Die Verkürzungen durch die Längenkontraktion sind in Abb. 35.1 natürlich völlig übertrieben stark gezeichnet.

Wenn die Stromrichtungen entgegengesetzt sind (Fall (b)), werden die Atomrümpfe des rechten Drahts genauso zusammengedrängt wie zuvor. Aber die Elektronen dieses rechten Drahts bewegen sich nun entgegengesetzt und daher mit der Geschwindigkeit 2v (statt Null) *relativ* zu den einzelnen Elektronen im linken Draht und werden daher noch mehr zusammengedrängt als die Atomrümpfe. So ist in diesem Fall die Elektronendichte rechts größer als die Atomrümpfedichte rechts; damit ist die Coulombsche Abstoßung der einzelnen Elektronen links durch die Elektronen rechts größer als die Anziehung durch die Atomrümpfe rechts. *Netto bleibt eine abstoßende Kraft,* die wieder als Lorentz-Kraft interpretiert werden kann. Die beiden Drähte werden auseinandergestoßen.

Haben Sie es gemerkt? Für die Erklärung wurde das Magnetfeld stromdurchflossener Leiter gar nicht gebraucht! Das Magnetfeld ist nur ein Hilfskonstrukt in der gröberen Theorie, die ohne SRT auskommen möchte. Man könnte sagen, das Magnetfeld resultiert aus der Veränderung der elektrischen Felder infolge des Zusammendrängens der elektrischen Ladungen.

Aber wie kann das sein, wenn sich die Elektronen noch viel langsamer bewegen als ein Auto im Alltag? Die seitliche Kraft, die jedes einzelne der Elektronen erfährt, ist zwar winzig klein; aber in dem Draht gibt es extrem viele freie Elektronen (etwa 10^{22} – eine 1 mit 22 Nullen – in einem typischen Alltags-Kupferdraht mit einer Länge von 1 m). Diese winzigen Einzelkräfte addieren sich zu einem merklichen Beitrag, so dass sich beide Drähte deutlich sichtbar anziehen oder abstoßen.

Die Wechselwirkung zweier Magnetfelder bzw. die Lorentz-Kraft spielt auch in Elektromotoren eine Rolle. Ein ortsfester Permanent- oder Elektromagnet (der Stator) zeigt ein Magnetfeld, in dem sich eine *stromdurchflossene* Spule mit ihrem Magnetfeld, geeignet aufgehängt, drehen kann (der Rotor). Die Wechselwirkung der beiden Magnetfelder ist so gestaltet, dass der Rotor mit seinen Elektronen durch die Lorentz-Kraft in Drehung versetzt wird und in Drehung bleibt und dadurch zum Beispiel die Achse eines Elektroautos antreiben kann. Die Aufladung der Batterie (des Akkus) wird gebraucht, um einen Stromfluss (einen Fluss von Elektronen) im Rotor zu erzeugen. Sonst würde die Lorentz-Kraft gar nicht wirken können.

Das Magnetfeld des Stators wirkt also auf die bewegten, elektrischen Ladungen in der stromdurchflossenen Spule und versetzt diese mittels Lorentz-Kraft in Bewegung – und in der Folge auch die bewegliche Spule selbst. Genau genommen, bewegen sich die Elektroautos also auch aufgrund der Gesetzmäßigkeiten, die in der Speziellen Relativitätstheorie von Einstein beschrieben werden.

Wo man hinsieht: Relativitätstheorie im Alltag!

Zwei Drähte ziehen
sich laut Einstein an, auch wenn
die Elektronen trödeln.

36

Lorentz, der Sonnenwind und die Polarlichter

ein weiteres Beispiel für das Wirken der Lorentz-Kraft

Die in Kap. 35 erwähnte Lorentz-Kraft, nach der elektrisch geladene, bewegte Teilchen im Allgemeinen in einem Magnetfeld abgelenkt werden, schützt uns vor dem Sonnenwind und führt zu den wunderschönen Polarlichtern.

Der Sonnenwind, das sind im Wesentlichen Elektronen und Protonen, also geladene Teilchen, die von der Sonne in alle Richtungen ausgesendet werden – ein Teil davon also auch in Richtung der Erdkugel. Deren Magnetfeld lenkt die meisten bewegten geladenen Teilchen des Sonnenwinds mithilfe der Lorentz-Kraft glücklicherweise um die Erde herum, so dass sie dem Leben auf der Erde nicht allzu viel anhaben können.

Ein kleiner Anteil der Sonnenwind-Teilchen findet aber doch seinen Weg zur Erdoberfläche – und zwar in der Nähe der magnetischen Pole.

Übrigens: Die *geographischen* Pole sind feste Punkte auf der Erdoberfläche, dort wo die Drehachse der Erde „herauskommt". Die *magnetischen* Pole sind nicht ortsfest. Sie wandern derzeit mit etwa 40 km/Jahr und liegen jeweils ≈500 km von den geographischen Polen entfernt.

H. Level, *Die unerträgliche Leichtigkeit der Vitamintablette*,
https://doi.org/10.1007/978-3-662-73033-1_36

Übrigens: Der magnetische Pol in der Nähe des geographischen Nordpols ist, physikalisch gesehen, ein magnetischer Südpol. Und der magnetische Pol in der Nähe des geographischen Südpols ist, physikalisch gesehen, ein magnetischer Nordpol.

Der kleine Teil des Sonnenwinds, der den Weg zur Erdoberfläche findet, wird ebenfalls von der Lorentz-Kraft abgelenkt und bewegt sich deshalb auf spiralförmigen Bahnen um die Magnetfeldlinien herum und auf den betreffenden Magnetpol zu. Dabei regen die geladenen Sonnenwind-Teilchen durch Stöße die Luftmoleküle (hauptsächlich Stickstoff- & Sauerstoff-Moleküle) zum Leuchten an. Das bedeutet, dass durch die Stöße Elektronen in den Molekülen in höhere Energiezustände befördert werden; sie nehmen bei den Stößen Energie von den Sonnenwind-Teilchen auf.

Wenn die zuvor angeregten Elektronen in den Molekülen dann wieder in die niedrigen Energiezustände zurückfallen, geben sie die überschüssige Energie in Form von Licht ab, das wir Polarlicht nennen.

Der Sonnenwind wird
abgelenkt und lenkt uns ab
mit Polar-Lichtern.

37

Induktion und Hochspannungsleitungen

Induktion hat nichts mit der Lorentz-Kraft zu tun!

Die zuvor beschriebene Lorentz-Kraft taucht in bestimmten Situationen auf, nämlich immer dann, wenn sich elektrische Ladungen in Magnetfeldern bewegen. Die Lorentz-Kraft lenkt die bewegten, geladenen Teilchen dann im Allgemeinen aus ihrer ursprünglichen Bewegungsrichtung ab.

Induktion (elektromagnetische Induktion) ist ein Phänomen, das leicht damit verwechselt werden kann, weil es in scheinbar ähnlichen Situationen und Anordnungen auftritt. Und doch handelt es sich um etwas ganz Anderes: Die geladenen Teilchen befinden sich zum Beispiel wieder als freie Teilchen in einem Draht. Es wird aber keine Spannung an den Draht angelegt. Und so fließt *zunächst* kein Strom; das heißt, die Ladungen bewegen sich *erst einmal* nicht längs des Drahtes. Wenn der Draht dann in die Nähe eines Magnetfelds gebracht wird[1] oder ein Magnet in die Nähe des Drahtes bewegt wird oder ein Elektromagnet in der Nähe der Drahtschleife mit Wechselstrom betrieben wird, also quasi periodisch ein- und ausgeschaltet, wird in den Draht eine Spannung „induziert" („Induktionsspannung"

[1] Auf die Änderung kommt es in allen Fällen an!

H. Level, *Die unerträgliche Leichtigkeit der Vitamintablette*,
https://doi.org/10.1007/978-3-662-73033-1_37

genannt). So folgt ein Stromfluss in dem Draht („Induktionsstrom“ genannt).

Die vielleicht wichtigste Anwendung der Induktion in unserer technischen Welt ist die Erzeugung elektrischer Spannungen in einem Wechselspannungsgenerator, quasi die Umkehrung des Elektromotorprinzips. Eine bewegliche Drahtspule wird – zum Beispiel mithilfe von Wasserkraft in einem Wasserkraftwerk – in einem Magnetfeld gedreht. Durch die Drehung erscheint das Magnetfeld für die Spule ständig verändert. So greift wieder die Induktion; eine Wechselspannung wird in die Spule am Kraftwerk induziert.

Eine andere sehr wichtige Anwendung der Induktion ist das Transformieren von Spannungen[2] in einem Transformator. Ein „Trafo“ besteht im Wesentlichen aus zwei Drahtspulen, die nahe benachbart sind. An die eine Spule wird eine Wechselspannung (zum Beispiel bei einer Frequenz von 50 Hz) angelegt. Daraus entsteht in dieser Spule ein Wechselstrom, der ein in Richtung und Stärke periodisch schwankendes Magnetfeld zur Folge hat. Dadurch werden in der zweiten Spule (die nicht an eine Spannungsquelle angeschlossen ist!) über den Effekt der Induktion eine Wechselspannung und ein Wechselstrom „induziert“. Im Wesentlichen entsprechend des Verhältnisses der Anzahlen der Drahtwindungen in beiden Spulen ist die induzierte Spannung in der Sekundärspule entweder kleiner oder größer als die Spannung in der Primärspule.

Eine wichtige Anwendung erfährt diese Spannungstransformation in Umspannwerken vor und nach der Übertragung elektrischer Leistung über Hochspannungsleitungen. Zunächst wird die Spannung beim Kraftwerk je nach Netzbetreiber auf 110.000 V bis 380.000 V hochtransformiert,

---

[2] von niedrig zu hoch oder umgekehrt

um sie dann kurz vor dem Verbraucher auf 230 V [(3)] herunterzutransformieren.

Aber warum dieser Aufwand?

Je höher die Spannung U bei der Übertragung, desto geringer (sogar quadratisch geringer) ist der relative Anteil $\Delta P/P$ der elektrischen Leistung P, der bei der Übertragung *verloren geht:*

$$\frac{\Delta P}{P} \sim \frac{1}{U^2}.$$

(Das kleine Schlangensymbol steht für „proportional".)

Die Überlandleitungen mit ihren hohen Spannungen haben also mit der gewünschten Effizienz der Übertragung zu tun, die in unser aller Interesse sein sollte.

Die einfache Möglichkeit, Spannungen mithilfe von Transformatoren auf andere Werte zu transformieren (umzuspannen), ist der Hauptgrund dafür, dass in der Elektrik gerne mit Wechselspannungen und weniger mit Gleichspannungen gearbeitet wird.

Bei Seekabeln allerdings werden zwar auch hohe Spannungen, aber nicht Wechsel-, sondern Gleichspannungen eingesetzt. Denn aus Kostengrunden müssen die Seekabelbündel kompakt sein (mit kleinem Gesamtdurchmesser). Durch die elektrische Wechselstrom-Kapazität der parallelen Leitungen würden sonst hohe Anteile der elektrischen Leistung nicht beim Verbraucher ankommen. Diese so genannte „Blindleistung" würde ständig zwischen den angeschlossenen elektrischen Bauteilen und dem Netz hin- und herpendeln, ohne verbraucht zu werden. Dennoch würde sie das Netz belasten.

---

[3] Effektivwert

Die Induktion,
so sei erwähnt, im Alltag
unerlässlich ist.

Wenn hoch die Spannung,
die wir übertragen; dann
Leistung kaum verloren geht.

38

Ein Minuszeichen mit eigenem Vornamen

die Lenz'sche Regel der Induktion

Wir wissen schon, dass ein zeitlich veränderliches Magnetfeld in einem nahen elektrischen Draht mittels Induktion eine Wechselspannung, in der Folge einen Wechselstrom und in der weiteren Folge ein zweites zeitlich veränderliches Magnetfeld erzeugt. Interessant dabei ist – und das hat mit dem Energieerhaltungssatz zu tun –, dass das zweite Magnetfeld die Änderung des ersten zu behindern sucht.

Wenn das erste Magnetfeld gerade ansteigt und dabei in eine bestimmte Richtung weist, wird das induzierte, zweite Magnetfeld in die entgegengesetzte Richtung weisen, so dass es das erste Feld teilweise kompensiert. Wegen der umgekehrten Richtung muss das zweite Magnetfeld mit seiner Stärke vom ersten abgezogen werden, um auf das Gesamtfeld zu kommen.

Aber wenn das erste Magnetfeld gerade abnimmt und dabei in eine bestimmte Richtung weist, wird das induzierte, zweite Magnetfeld in dieselbe Richtung weisen, so dass es das erste Feld verstärkt. Die beiden Magnetfelder addieren sich in ihrer Stärke.

Man sagt auch, dass zweite Magnetfeld ist stets so gerichtet, dass es seiner Ursache entgegenwirkt.

H. Level, *Die unerträgliche Leichtigkeit der Vitamintablette*,
https://doi.org/10.1007/978-3-662-73033-1_38

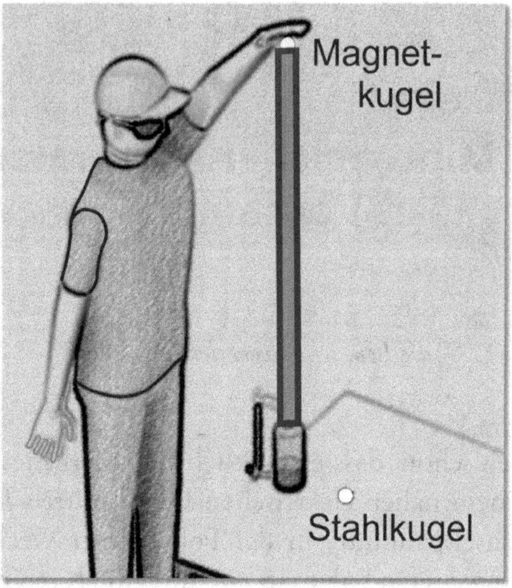

Abb. 38.1 Veranschaulichung eines Versuchs, bei dem erst eine unmagnetische Stahlkugel und dann ein Kugelmagnet durch ein Aluminiumrohr fallen gelassen werden

In den physikalischen Formeln, die dies beschreiben und auf die hier verzichtet werden soll, drückt sich dies in einem Minuszeichen für die Induktionsspannung aus. Und mit dem Minuszeichen ist gemeint, dass ein Anteil induziert wird, der der Ursache entgegenwirkt. Dieses Minuszeichen hat einen eigenen Vornamen, nämlich „Lenz'sche Regel".

Wenn Sie ein ca. 1 m langes Aluminiumrohr, eine Stahlkugel oder einen kleinen, kurzen Stahlzylinder und außerdem noch eine magnetische Kugel oder einen kurzen Stabmagneten haben, können Sie sich den Effekt, der mit der Lenzschen Regel verbunden ist, sehr eindrucksvoll selbst vorführen (s. Abb. 38.1).

Mit magnetisch ist hier ferromagnetisch gemeint. Und wir erinnern uns, dass Aluminium nicht (ferro-)magnetisch ist. Für den Versuch sollen das Stahlstück und der Magnet so klein oder kurz sein, dass sie mühelos in und durch das Alurohr passen.

Zunächst wird das (unmagnetische) Stahlstück (weiß) oben in das Rohr gesteckt und losgelassen. Es *fällt* erwartungsgemäß sehr schnell durch das Alurohr auf die Unterlage; dafür braucht es etwa eine halbe Sekunde. Dann wird der kurze Magnet (ebenfalls weiß) oben in das Rohr gesteckt und losgelassen. Nun dauert es (je nach Stärke des Magneten) vielleicht 5 s, bis er unten aus dem Rohr wieder herausfällt. *Was ist passiert?*

Das Fallen des kurzen Magneten bedeutet *für jede einzelne Stelle* des Alurohrs, dass das Magnetfeld des Magneten *dort* erst zunimmt und dann abnimmt. Da haben wir die Änderung, auf die es bei der Induktion ankommt! Der fallende Magnet führt so zu einer Induktionsspannung, einem Induktionsstrom („Wirbelstrom“ genannt) und einem induzierten, zweiten Magnetfeld.

Dieses zweite Magnetfeld versucht nach der Lenzschen Regel, seiner Ursache entgegenzuwirken. Es ist so gerichtet, dass es die Änderung des ersten Magnetfelds zu schwächen versucht. Das heißt, es bremst den fallenden Magneten ab; er fällt langsamer. Das endet, wenn er das Alurohr verlässt. In der Luft kann sich kein starkes zweites Magnetfeld aufbauen.

Der Versuch funktioniert sogar, wenn das Alurohr einen Längsschlitz aufweist. Denn der Induktionsstrom, der das zweite Magnetfeld verursacht, muss nicht rings um das Rohr herumfließen. Es reicht auch, wenn sich der Wirbelstrom irgendwie in der Alurohrwandung bewegt. Das bedeutet auch, dass Sie sich einige Gucklöcher quer ins Alurohr bohren können, um den langsamen Fall des kleinen Magneten zu verfolgen, wenn Sie den Längsschlitz vermeiden wollen.

Das Minuszeichen
die Kugel bremst, will sie durch's
Rohr zu Boden fallen.

Der Lenz die Blätter
oben zeigt und auch die Kugel
hier beim Fallen hemmt.

39

Das Zwillingsparadoxon

Die Spez. Relativitätstheorie erhält die Jugend bei Bewegung.

Kapitel 35 handelte schon von einem Ergebnis der Speziellen Relativitätstheorie (SRT) nach Einstein. Dabei ging es um die „Relativistische Längenkontraktion", die sich bis in unser aller Alltag bemerkbar macht. Wenn die Beiträge der SRT (und auch der Allgemeinen Relativitätstheorie, ART) nicht berücksichtigt werden würden, läge die Genauigkeit unserer Auto-Navigationssysteme nur bei etwa einigen Hundert Metern. Wenn wir dann nicht aufpassten, würden wir gegen Hauswände fahren oder mit unseren Autos in Flüssen versinken. Wie gut, dass SRT und ART auch im Alltag ernst genommen werden!

Ein anderes Ergebnis der SRT, das Eingang in die populäre Wissenschaftsliteratur und die Medien gefunden hat, ist das „Zwillingsparadoxon". Damit ist populär gemeint, dass eine Raumfahrerin nach langer Zeit schneller Bewegung in ihrem Raumschiff auf die Erde zurückkehren kann und ihre Zwillingsschwester dort deutlich älter vorfinden wird, als sie selbst alt ist. Die zuhause gebliebene Schwester ist deutlich mehr gealtert als die Raumfahrerin. Und das hat nicht mit leicht unterschiedlichen biologischen An-

H. Level, *Die unerträgliche Leichtigkeit der Vitamintablette*,
https://doi.org/10.1007/978-3-662-73033-1_39

lagen beider Menschen zu tun. Für die erdverbundene Schwester ist mehr Zeit vergangen. *Die Raumfahrerin ist erst in der Zukunft ihrer erdverbundenen Schwester zurückgekehrt!*

Vorweg sei gleich angemerkt, dass es sich bei den beiden Personen, deren Alterung verglichen wird, nicht um Zwillingsschwestern (weder ein- noch zweieiig) handeln muss. Es könnten irgendwelche zwei Menschen sein, die miteinander gar nichts zu tun haben und sich auch noch nie gesehen haben. Aber bei Zwillingen erscheint uns die Situation besonders verblüffend zu sein. Deswegen wird an dieser Bezeichnung gerne festgehalten.

Übrigens: das unterschiedliche Verstreichen der Zeit (die „Zeitdilatation") ist zwar nicht mit Zwillingen, aber doch eindeutig nachgewiesen worden – mit hochgenauen Uhren, die in Düsenflugzeugen um die Erde mitgeflogen sind.[1] An dieser Aussage der SRT besteht heute überhaupt kein Zweifel mehr!

Wenn Physiker:innen den Begriff „Zwillingsparadoxon" verwenden, meinen sie eigentlich etwas anderes, nämlich dass verblüffenderweise überhaupt *eine der beiden* Personen schneller altert. Denn für den Unterschied im Vergehen der Zeit sollte eigentlich nur die Relativgeschwindigkeit der beiden Menschen wichtig sein. Die erdverbundene Schwester sieht ihre raumfahrende Schwester schnell wegfliegen, und die Raumfahrerin erfährt (irgendwann), dass erstere schneller gealtert ist. Die Raumfahrerin sieht, dass sich ihre erdverbundene Schwester relativ zu ihr bewegt. So könnte man erwarten, dass die erdverbundene Schwester irgendwann erlebt, dass die Raumfahrerin schneller gealtert ist.

Das könnte man bei schnellem Ansehen der Formeln der SRT vermuten, so dass letztlich doch beide gleich schnell

---

[1] Bei der Auswertung musste auch die ART berücksichtigt werden, die unter Anderem besagt, dass die Zeit unterschiedlich schnell vergeht, je nachdem wie weit das Objekt vom Zentrum der Gravitationskraft (dem Mittelpunkt der Erde) entfernt ist.

altern müssten. Aber so ist es nicht! Die Symmetrie zwischen den Schwestern würde nur gelten, wenn sie sich ständig in zwei (bestimmten) Bezugssystemen mit konstanter Relativgeschwindigkeit zueinander bewegten. Solche zwei Bezugssysteme nennt man *Inertialsysteme füreinander.*[2]

Dabei können die Beschleunigungsphasen des Raumschiffs und seiner Insassin beim Verlassen der Erde, beim Abbremsen kurz vor dem Umkehrpunkt, beim Wiederbeschleunigen von dort und beim Abbremsen bei der Rückkehr zur Erde aufgrund der jahrelangen Reise sogar vernachlässigt werden. Entscheidend ist aber, dass das Bezugssystem der Raumfahrerin auf ihrem Rückflug ein anderes ist als bei ihrem Hinflug. Nur die erdverbundene Schwester bleibt in ein und demselben Bezugssystem, nicht die Raumfahrerin. Deswegen ist die Situation nicht symmetrisch zwischen den Schwestern, und deswegen kommt die Raumfahrerin wirklich jünger auf der Erde an.

Das heißt aber auch, dass die Raumfahrerin eine ZEITREISE *in die Zukunft (ihrer erdverbundenen Schwester) unternommen hat, aber ohne Rückfahrtticket!* Schon nach der *Speziellen* Relativitätstheorie von Einstein sind also Zeitreisen möglich, aber nur in die Zukunft – durch schnelle Bewegungen!

Eine Weltspitze-Marathon-Läufer:in ist bis zum Ende des Wettkampfs etwa[(3)] 2 ps (Pikosekunden!) in die Zukunft gereist – das heißt, selbst 2 ps jünger geblieben als die umstehenden Zuschauer:innen, auch wenn die Läufer:in gleich nach dem Wettkampf nicht mehr so jung aussieht.

Nach bestimmten Lösungen der Gleichungen zur *Allgemeinen* Relativitätstheorie sollten Wurmlöcher denkbar sein, mit denen Sprünge an ganz andere Punkte im Raum-Zeit-Kontinuum möglich sein sollten, eventuell auch in die

[2] Der Singular „das (einzelne) Inertialsystem" macht gar keinen Sinn!

[3] grob abgeschätzt

Vergangenheit. Dazu gibt es aber noch unterschiedliche Interpretationen. Und wenn, sollten solche Sprünge nur für Elementarteilchen möglich sein. Also keine Sorge, dass jemand Ihre Eltern auseinanderbringt, lange bevor Sie geboren wurden!

Schwestern gemeinsam
altern wollten; doch trennt sie
nun Geschwindigkeit.

Das Wurmloch,
ob es wohl hält, was es verspricht
den Zeitreisenden?

40

Der Tunneleffekt

In der Quantenmechanik sind Hindernisse nicht unüberwindbar!

Dass die Quantenphysik ein gar seltsames Ding ist, hat wohl jeder schon einmal gehört, selbst wenn er oder sie damit im Beruf – vermeintlich – überhaupt nichts zu tun hat. Und die Quantenphysik ist sogar so seltsam, dass selbst Einstein, der zu ihren Mitbegründer:innen zählt, ab einem gewissen gedanklichen Punkt nicht mehr folgen wollte.

Eine der Aussagen, die Einstein so missfielen, ist, dass bei quantenmechanischen Teilchen, wie zum Beispiel Elektronen, nur mit einer gewissen Wahrscheinlichkeit eine Aussage über ihren Aufenthaltsort gemacht werden kann. Einstein lehnte das mit der Formulierung ab: „Gott würfelt nicht!" *Aber Gott würfelt doch!*

Die Quantenphysik geht mit ihren Aussagen sogar noch weiter … so weit, dass ein solches quantenmechanisches Teilchen, wenn es in einen „Topf" platziert wird, nur mit einer gewissen Wahrscheinlichkeit in dem Topf verbleibt und mit der restlichen Wahrscheinlichkeit auch außerhalb des Topfes sein kann, also den Topf durch seine Wand (Barriere) hindurch verlassen kann. Dieses Phänomen wird „Tunneleffekt" genannt. Das Teilchen durchläuft die Barri-

H. Level, *Die unerträgliche Leichtigkeit der Vitamintablette*,
https://doi.org/10.1007/978-3-662-73033-1_40

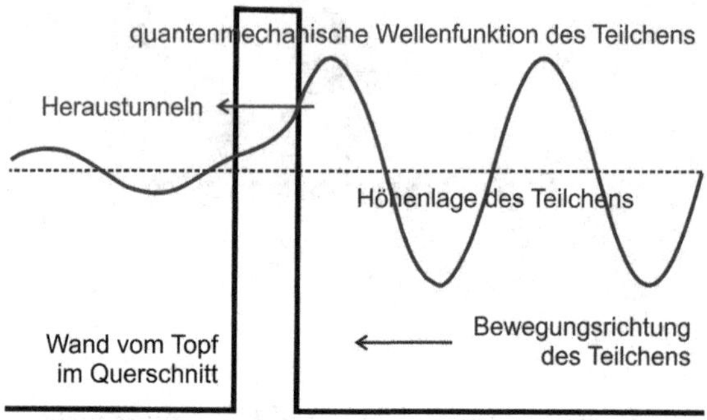

Abb. 40.1 Darstellung des Tunneleffekts: Die quantenmechanische Wellenfunktion eines Teilchens befindet sich teilweise im Topf (zwischen den Barrieren, hier rechts in der Zeichnung zu sehen - nur die linke Barriere ist eingezeichnet) und teilweise außerhalb des Topfes (links)

ere (in der Zeichnung nur links am Topf dargestellt) mit einer gewissen Wahrscheinlichkeit, so als würde es durch einen kleinen Tunnel in der Wand hinausgelangen.

In der Quantenmechanik wird das Teilchen durch eine so genannte „quantenmechanische Wellenfunktion" (in Abb. 40.1 für einen festen Zeitpunkt dargestellt) beschrieben.

Innerhalb des Topfes ist die Amplitude der Funktion groß, in der Wand fällt sie ab (ist aber vorhanden), und jenseits der Wand (also außen) ist die Amplitude kleiner, was einer kleineren Aufenthaltswahrscheinlichkeit als innen entspricht.

Dieser Effekt ist keine Spinnerei von Physiker:innen, den man sowieso nie erleben kann. Er ist beispielsweise in sehr vielen Halbleiterbauelementen der Elektronik und Optoelektronik nicht nur vorhanden, sondern wird gezielt ausgenutzt.

Wie kann man sich das vorstellen? Nehmen wir *als Zahlenbeispiel* an, die Aufenthaltswahrscheinlichkeit für ein Elektron im Topf sei 70 %. Ist dann ein Anteil von 30 % des

Elektrons quasi „abgeschnitten“ und außerhalb des Topfes. Nein, so darf man es nicht sehen! Jedes einzelne Elektron ist entweder (mit 70 %-iger Wahrscheinlichkeit[1]) im Topf oder (mit 30 %-iger Wahrscheinlichkeit) außerhalb des Topfes.

Einfacher wird es, wenn man sich nicht nur ein einziges Elektron vorstellt, sondern viele – ein „Ensemble“ von Teilchen, wie es in der Physik heißt. Nehmen wir der Einfachheit halber an, dass das Ensemble genau 100 Elektronen umfasst. Dann ist die Prozentzahl gleich der Teilchenanzahl.

Eine Aufenthaltswahrscheinlichkeit von 70 % im Topf bedeutet, dass 70 der 100 Elektronen im Topf verbleiben, während die anderen 30 Elektronen den Topf verlassen.

Es sei aber kurz erwähnt, dass eine Wahrscheinlichkeit für einen Anteil von 30 % des Elektronen-Ensembles außerhalb des Topfes nur zu erwarten ist, wenn die gedachte Wanddicke eines „atomaren Topfs“ nur etwa 1 nm (ein Nanometer!) beträgt.

Der Tunneleffekt hat zum Beispiel Bedeutung beim radioaktiven Zerfall von instabilen Atomkernen, insbesondere beim so genannten α-Zerfall. Dabei entweichen aus dem Kern α-Teilchen. Das sind Helium-Ionen (He^{2+}).

Solche α-Teilchen bilden sich ab und zu in instabilen Kernen, und sind dann so hochenergetisch, dass sie mit einer gewissen Wahrscheinlichkeit die Potenzialwand des instabilen Kerns durchtunneln können. Sie verlassen also den Kern; der Kern zerfällt. In so einem Fall würde man vom „mikroskopischen Tunneleffekt“ sprechen.

Im Jahr 2025 erhielten John Clarke, Michel H. Devoret und John M. Martinis den Physik-Nobelpreis für ihre Arbeiten, die unter dem Stichwort „makroskopischer Tunneleffekt“ gehandelt werden. Unter „makroskopisch“ stelle man sich aber bitte nicht große Gegenstände, Bälle oder

[1] um beim selben Zahlenbeispiel zu bleiben!

sogar Menschen vor! Mit „makroskopisch" ist nur gemeint, dass es nicht um einzelne atomare Teilchen, sondern um eine Vielzahl geht.

In Supraleitern zum Beispiel verbünden sich je zwei Elektronen zu so genannten „Cooper-Paaren". Und die Cooper-Paare verbünden sich zu einem Cooper-Paar-See, der mit einer einzigen quantenmechanischen Wellenfunktion beschrieben wird. Das heißt, weder sind die beiden Elektronen in einem Cooper-Paar voneinander unterscheidbar. Noch sind die Cooper-Paare in dem See voneinander unterscheidbar. Und die schon erwähnte Wellenfunktion, die das Ganze beschreibt, hat eine so große räumliche Ausdehnung, dass sie auch über eine Lücke in dem supraleitenden Draht hinwegreicht. Das heißt aber, dass der Cooper-Paar-See über die Drahtlücke hinwegreicht. Und das bedeutet, dass ständig Cooper-Paare des Sees durch die Lücke hindurch- oder zurücktunneln.

In Berichten zu diesen Nobelpreisen wird immer wieder betont, dass auf diesem (und anderen) quantenmechanischen Effekten viele Geräte beruhen, wie zum Beispiel Smartphones. Ich sehe diese Tendenz mit einer gewissen Sorge. Denn schon der Tunneleffekt an sich ist ein physikalisch höchstinteressanter Effekt – unabhängig von seinen Anwendungsmöglichkeiten. Physik und andere Wissenschaften sollten betrieben werden, ohne dass unbedingt eine Anwendung am Ende eines Forschungsprojekts herauskommen muss. Das hat etwas mit Kultur zu tun.

Die Wahrscheinlichkeits-Sichtweise der Quantenphysik, wie oben am Beispiel des Tunneleffekts erläutert, wird *heute* von keiner ernst zu nehmenden Physiker:in mehr angezweifelt. Und dennoch gibt es offene Fragen. *Wie lange dauert das Tunneln durch die Barriere in die Umgebung des Topfes?*

Die verschwindenden Elektronen müssen ja die Barriere mit deren Dicke durchdringen. Da darf man durchaus nach einer Geschwindigkeit fragen. Diese Frage in der Physik gibt es seit vielen Jahrzehnten, und sie ist bis heute nicht eindeutig geklärt.

Eine Fraktion argumentiert so, dass das Tunneln momentan erfolgen muss, wenn *gleichzeitig* 70 % der Elektronen im Topf sind und 30 % außerhalb.[2] „Momentan" hieße aber, dass sie mit Überlichtgeschwindigkeit tunneln müssten. Das aber verbietet die Spezielle Relativitätstheorie (SRT) von Einstein, die noch niemals als falsch entlarvt wurde, also wahrscheinlich auch diesmal nicht falsch ist. Im CERN (Conseil européen pour la recherche nucléair) in der Schweiz wurden 2011 zwar einmal elektrische Signale gemessen, die sich scheinbar mit Überlichtgeschwindigkeit bewegt hatten. Dann stellte sich aber wohl heraus, dass ein Stecker für Signale mit hohen Frequenzen nicht richtig in eine Buchse gesteckt worden war. Dadurch ergab sich für dieses Signal in dem Stecker eine kleine Verzögerung, und es kam später am Detektor an. Da dies das Zeitsignal war (die Uhr war zu langsam), erschienen damit die anderen Signale alle schneller und zum Teil schneller als das Licht zu sein. Aber so war es eben nicht; es handelte sich nur um einen Messfehler.

Die andere Fraktion sagt, dass sich die 70/30-Verteilung erst aufbauen muss, also nicht von Anfang an gleichzeitig 70 Elektronen drinnen und 30 Elektronen draußen sein können. Der Tunnelvorgang, bis 30 Elektronen hinausgelangt sind, dauert seine Zeit.

Wenn Sie vorhaben, einen Nobelpreis für Physik zu erringen, könnten Sie an dieser Frage arbeiten. Da ist wahrscheinlich noch etwas zu holen. Aber Sie müssen sich beeilen. Denn experimentelle Ergebnisse der Gruppe um Ursula

---

[2] um nochmals beim selben Zahlenbeispiel zu bleiben!

Keller von der ETH Zürich haben in den letzten zehn Jahren folgendes ergeben: die Geschwindigkeit, mit der Elektronen aus einfachen Atomen durch die Barriere tunneln, ist größer als die Geschwindigkeit, mit der sie sich über dieselbe Strecke, aber ohne Barriere bewegen würden. Das ist ein erstaunliches Ergebnis: mit Barriere schneller als ohne! Aber die Geschwindigkeit ist nicht größer als die Lichtgeschwindigkeit, sondern um einen Faktor 10–50 kleiner. Die SRT wird also nicht angekratzt!

Das Tunneln der Elektronen wird durch sehr kurze Lichtpulse ausgelöst (und vermessen); deswegen wird auch von Photoelektronen gesprochen. Die Dauer der Lichtpulse liegt im Bereich von einigen bis einigen 10 as (Attosekunden!).

Eine Attosekunde ist etwa der 100-ste Teil der Umlaufzeit des einzelnen Elektrons um das einzelne Proton im Kern eines Wasserstoffatoms (im Bohrschen Atommodell mit seinen diskreten Elektronenbahnen um den Atomkern gedacht).

Die Laserphysik und -technik hat in den letzten 30 Jahren Messungen auf der Attosekunden-Zeitskala möglich gemacht. Diese Technologie wird in Zukunft nicht nur die Frage nach der Tunnelzeit klären, sondern auch die Ultrakurzzeitdynamik vieler Prozesse innerhalb von Atomen und Molekülen verstehen helfen.

Ende des 19. Jahrhunderts nahmen viele Physiker an, dass eigentlich alle wesentlichen Fragen der Physik geklärt seien. Selbst an die Quantenphysik dachte man damals noch gar nicht. Sie veränderte das Verständnis vollkommen. Es wurde dann vom goldenen Zeitalter der Physik gesprochen. Aber durch die Ultrakurzzeitphysik scheint kürzlich eine Tür aufgestoßen worden zu sein, die das Platin-Zeitalter der Physik einläuten könnte.

Ein Teilchen macht 'nen „Prison Break"; doch geht auch das nicht momentan.

41

De Broglie und Heisenberg im Alltag?

Teilchenwellenlänge & Unschärferelation im Alltag – zu klein!

Auch wenn die Quantenphysik zu den schwierigsten Gebieten der Physik gehört, schwappen doch immer wieder einige Stichwörter daraus in populärwissenschaftliche Beiträge in Rundfunk und Fernsehen über – vielleicht gerade, weil sie der Alltagserfahrung so sehr widerspricht und deshalb fasziniert.

Eines der wichtigen Konzepte der Quantenphysik ist der Welle-Teilchen-Dualismus. In unserem Alltagssprachgebrauch verbinden wir mit dem Wort „Teilchen" etwas Massebehaftetes, zum Beispiel ein Elektron, das jeweils quasi an einem bestimmten Punkt zu finden ist. Nach der Quantenphysik und hier insbesondere nach Louis de Broglie (1892–1987) sollte diesen Teilchen oder besser einem Ensemble solcher Teilchen aber auch eine Wellenlänge zugeordnet werden können und müssen, da sich solche Ensembles zum Beispiel bei Beugungsexperimenten wie Wellen verhalten.

Bei den massebehafteten Teilchen hängt ihre de Broglie-Wellenlänge von ihrer Bewegungsenergie ab. Ein Elektron (also mit Ladung e), das in einem Spannungsgefälle von

H. Level, *Die unerträgliche Leichtigkeit der Vitamintablette*,
https://doi.org/10.1007/978-3-662-73033-1_41

100 V beschleunigt worden ist,[1] hat eine Wellenlänge von etwa 0,1 nm (Nanometer!); das ist etwa der millionste Teil der Dicke eines menschlichen Haares. Bei einer geringeren Beschleunigungsspannung von nur 1 V käme für das Elektron eine de Broglie-Wellenlänge von etwa 1 nm heraus.

Und das ist viel! Denn wenn man einem Menschen, der eine im Vergleich große Masse von 75 kg hat und sich mit Schrittgeschwindigkeit (6 km/h) bewegt, seine de Broglie-Wellenlänge zuordnen wollte, käme man auf einen Wert von $5 \cdot 10^{-36}$ m.[(2)] Wenn man dann noch so mutig ist, einen Beugungswinkel für die Beugung eines Ensembles von Menschen an einem Maschendrahtzaun anzugeben, käme man auf einen Winkelgradwert von ungefähr $3 \cdot 10^{-33\,\circ}$[(3)] für die erste Beugungsordnung. Das ist natürlich für den Alltag völlig irrelevant.

Wie sieht es mit der Heisenbergsche Unschärferelation aus, nach der bestimmte Größenpaare, etwa Ort und Geschwindigkeit eines Teilchens, nicht gleichzeitig beliebig genau angegeben werden können? Übrigens hat dies rein gar nichts mit den immer vorhandenen Messtoleranzen zu tun, sondern ist eine inhärente Eigenschaft quantenmechanischer Objekte.

Für ein Elektron in einer typischen Situation in einem Atom ergibt sich nach Heisenberg eine Ortsunschärfe von ganz grob 100 nm. Das ist 1000x so viel wie ein typischer Atomdurchmesser. Und damit erklärt sich, dass man bei Atommodellen besser vom Bohrschen Modell abrückt, wonach die Elektronen sich auf ganz bestimmten kreisförmigen Bahnen um den Atomkern bewegen. Besser ist es, das Orbitalmodell heranzuziehen, das die Quantenphysik

---

[1] so dass es nun eine Energie von 100 *e*V (Elektronenvolt!) besitzt

[2] 0,000 000 000 000 000 000 000 000 000 000 000 005 m.

[3] 0,000 000 000 000 000 000 000 000 000 000 003 °.

widerspiegelt und nur von Aufenthaltswahrscheinlichkeiten von Elektronen in ihren Orbitalen spricht.

Wie sieht es mit Heisenberg im Alltag aus? Ein typischer Baseball, der von einem Profi schnell geworfen wird, hat eine Heisenbergsche Ortsunschärfe – so kann man abschätzen – von etwa 10^{-33} m, also wieder irrelevant wenig für den Alltag. Der Batter (das ist der Spieler mit dem Baseball-Schläger) wird den Ball trotz dieser Ortsunschärfe treffen – oder sowieso auch nicht.

Die „Menschen-Wellenlänge“
ist ein Witz; da braucht man gar nicht
lang' zu rechnen.

Unschärfe nicht stört
im Alltagsleben; ist sie
doch viel zu klein.

42

Tanz auf dem Vulkan

tanzende Wassertropfen auf einer heißen Herdplatte

Johann Gottlob Leidenfrost (1715–1794) war ein Anhänger der Vier-Elemente-Theorie, nach der alle Materialien in bestimmten Mischungsverhältnissen aus Feuer, Wasser, Luft und Erde bestehen und auseinander erzeugt werden können. In seinen Duisburger Experimenten, die er dazu um etwa 1755 durchführte, wollte er dies belegen. Dazu erhitzte er Wassertropfen, indem er sie auf eine vorher heiß gemachte Platte gab. Nach dem Verdampfen der Wassertropfen blieb ein *fester,* schmutzig weißer Niederschlag zurück, was Leidenfrost als Beleg dafür auffasste, dass er aus Feuer und Wasser etwas Festes, also Erde, hergestellt hatte – also als einen Beleg und eine Verifikation für seine Arbeitshypothese.

Heute wissen wir natürlich, dass dieser weiße Niederschlag nur die Salze waren, die von vornherein im Duisburger Wasser gelöst gewesen waren, auch wenn sie in der Wasserlösung nicht sichtbar waren. Dennoch ist Leidenfrosts Name bis heute mit einem Phänomen verbunden, was er als Nebeneffekt bei eben diesen Versuchen beobachtete: das Tanzen der Wassertropfen auf der heißen Platte, wie auch Sie es jeden Tag in Ihrer Küche auf einer

H. Level, *Die unerträgliche Leichtigkeit der Vitamintablette*,
https://doi.org/10.1007/978-3-662-73033-1_42

heißen Elektroherdplatte beobachten könn(t)en. Leidenfrost hatte noch keinen Elektroherd zur Verfügung!

Naiv sollte man erwarten, dass ein Wassertropfen, der auf eine deutlich über 100 °C heiße Platte getropft wird, schlagartig verdampft. Aber offenbar dauert es eine ganze Weile, bis ein solcher Tropfen durch Verdampfen vollständig verschwindet. Und zunächst scheint ihm der heiße Untergrund kaum etwas anzuhaben; der Tropfen wird nur recht langsam kleiner.

Die Erklärung sieht folgendermaßen aus: Wenn die heiße Platte eine Temperatur von deutlich über 100 °C hat, verdampft schlagartig nur ein kleiner Teil des Wassertropfens zwischen der heißen Platte und dem noch flüssigen Tropfen. Aber dieses Dampfpolster kann nicht beliebig entweichen. Es wird zwischen Platte und Tropfen eingequetscht. Auf diesem Polster tanzt der Tropfen.

Mehr noch: das Dampfpolster isoliert den Tropfen thermisch zu einem gewissen Grad gegen die heiße Platte. Die Wärme kann nicht mehr ungestört den Tropfen erreichen. Und so zieht sich der Verdampfungsvorgang weit länger hin, als man es – einfach gedacht – hätte erwarten sollen.

In der Küche ist der Leidenfrost-Effekt vielleicht eine nette Spielerei. In der Praxis der Härtung von Metallen – durch schnelles Eintauchen eines heißen metallischen Werkstücks in kaltes Wasser oder Öl – kann der Leidenfrost-Effekt unerwünschte Folgen haben. Denn der Dampffilm, der sich um das Werkstück bildet, verhindert dessen schnelle Abkühlung. Diese wäre aber notwendig, um eine solche Körnung des Materials zu erzielen, dass sie es wie gewünscht härten würde. Das bedeutet, dass die sehr gute Härtung des Metallstücks eventuell ausbleibt. Durch starke, schnelle Bewegungen des Werkstoffs in dem Kühlmittel kann der unerwünschte Effekt reduziert werden; denn dann kann das Dampfpolster zwischen Werkstück und Kühlmittel entweichen.

2018 hat die damalige Postdoktorandin Anaïs Gauthier an der Universität von Twente untersucht, wie sich Tropfen von Ethanol oder Silikonöl bei Raumtemperatur verhalten, wenn sie auf ein Bett aus flüssigem Stickstoff gegeben werden. Der zunächst dampfförmige Stickstoff wird bei einer Temperaturerniedrigung auf -196 °C (77 K = 77 K) flüssig.

In dieser Situation würde man naiv erwarten, dass der Ethanol- oder Silikonöl-Tropfen sofort gefriert und zu Boden sinkt. Aber auch hier tanzt der Tropfen eine ganze Weile auf dem Bad aus flüssigem Stickstoff, bevor das passiert. Wieder bildet sich ein Dampffilm, allerdings nicht aus dem Tropfenmaterial, sondern aus Stickstoff. Das heißt, der flüssige Stickstoff wird bei Berührung des „Raumtemperatur-heißen" Tropfens gasförmig – lokal unter dem Tropfen. Und dieses Gaspolster verhindert wieder einen schnellen Wärmeübergang – diesmal von dem Tropfen in das noch flüssige Stickstoff-Bad. Das ist wieder der Leidenfrost-Effekt.

In beiden Fällen wird das Dampfpolster aus dem kalten Medium gebildet. Im Originalfall der Leidenfrost'schen Versuche sitzt es am Tropfen oberhalb der heißen Platte, im Gauthier'schen Fall bildet es ein Reservoir unterhalb des „Raumtemperatur-heißen" Tropfens.

So viel Physik an so kleinen Tropfen!

Die Wassertropfen
nicht erschrecken; die Hitze
sie nur zappeln lässt.

43

Entkoffeinierter Kaffee dank überkritischer Fluide

Überkritische Fluide sind gleichzeitig Flüssigkeit und Gas.

Als über 65 Jahre alter Mensch könnte ich dieses Kapitel mit der Bemerkung beginnen, dass es in meinem Alter wahrscheinlich gesünder wäre, nur noch entkoffeinierten Kaffee zu trinken. Da ich aber in meinem ganzen Leben so gut wie nie Kaffee getrunken habe – ich hatte immer das Gefühl, ich sei noch nicht alt genug dafür – wäre diese Einleitung aus meiner Sicht sehr hypothetisch.

Aber wie geht das eigentlich mit dem Entkoffeinieren von Kaffeebohnen?

Eine von mehreren Methoden ist die Folgende. Ich muss ein bisschen ausholen.

Sie alle kennen die so genannten Aggregatzustände der Materie: fest, flüssig, gasförmig – je nach Druck und Temperatur. So ist Wasser *bei Normaldruck* und Raumtemperatur flüssig, während es bei 0 °C abwärts zu Eis gefriert und bei 100 °C aufwärts verdampft, also gasförmig wird.

Eigentlich gibt es noch mehr als diese drei Hauptaggregatzustände. *Zum Beispiel* wird der Plasmazustand als eigener Aggregatzustand gesehen. Ein Plasma ist ein Gas, in dem ein großer Teil der Gasatome oder -moleküle ionisiert

H. Level, *Die unerträgliche Leichtigkeit der Vitamintablette*,
https://doi.org/10.1007/978-3-662-73033-1_43

ist, also einen Teil seiner Elektronen verloren hat,[1] die sich dann frei in dem Plasma bewegen. Solche Plasmen werden zum Beispiel genutzt, um Halbleiteroberflächen durch den Beschuss mit Ionen und Elektronen des Plasmas abzutragen, … abzuätzen. Man spricht auch vom Trockenätzen, weil hierbei eben keine Ätz*flüssigkeiten* eingesetzt werden.

Den Zustand eines „superkritischen Fluids" als eigenen Aggregatzustand zu bezeichnen, ist unüblich. Aber was ist gemeint?

Wenn Gase einem relativ hohen Druck und einer relativ hohen Temperatur ausgesetzt werden, verhalten sie sich anders als gewohnt. Sie haben eine Dichte wie eine Flüssigkeit, aber bewegen sich wie ein Gas. Bei Kohlendioxid (CO_2) beträgt die kritische Temperatur nur 31 °C und der kritische Druck nur 74 bar. Für Leute, die mit der „common rail"-Technik von Dieselmotoren und damit mit bis zu über 30x höheren Drücken zu tun haben, ist die Erzeugung von 74 bar Druck ein Witz, auch wenn das 74 mal mehr ist, als wir täglich als Luftdruck erleben.

Das Wort „Fluid" ist ein Oberbegriff für Flüssigkeiten und Gase. Aber im Zusammenhang mit superkritischen Fluiden ist nicht ein „Entweder-oder", sondern ein „Sowohl-als auch" gemeint. CO_2 oberhalb von 31 °C und oberhalb von 74 bar ist sowohl Flüssigkeit als auch Gas, eben ein über-/superkritisches Fluid. Es ist so dicht wie eine Flüssigkeit und bewegt sich durch Strukturen mit engen Kanälen wie ein Gas. Zum Beispiel bleibt es nicht an irgendwelchen Ecken hängen; es gibt keine „Totvolumina".

In der analytischen Messtechnik – das sind Technologien, mit denen die Zusammensetzung von Chemikalien analysiert werden kann – wird für bestimmte Messverfahren schon lange mit superkritischen Fluiden gearbeitet. In der Gasanalyse (wie zum Beispiel der Gaschromatographie)

---

[1] etwa durch Stöße der Atome untereinander

ist die Gasdichte manchmal so gering, dass die wenigen vorhandenen Moleküle der gesuchten Substanz eventuell nicht nachzuweisen sind. Und in der Flüssigkeitsanalyse (wie zum Beispiel der Flüssigkeitschromatographie) sind die Dichten zwar höher, also auch mehr Moleküle der gesuchten Substanz vorhanden. Aber die Moleküle bleiben in den Ecken der Anordnung lange hängen. Die Zeit, die sie bis zum Detektor brauchen, wird daher in die Länge gezogen und deutet somit nicht mehr eindeutig auf eine bestimmte Substanz hin. Bei der „Extraktion überkritischer Fluide" („supercritical fluid extraction", SCFE) wird das Beste aus beiden Welten (Gas und Flüssigkeit) genutzt.

Nun zurück zum Kaffee!

Kohlendioxid ist für sehr viele chemische Substanzen ein sehr gutes Lösungsmittel. Es reagiert nicht mit diesen Substanzen, so dass sich keine giftigen Produkte bilden können. Es ist leicht herzustellen. Es wird bei relativ kleinen Temperaturen und Drücken überkritisch (>31 °C, >74 bar – wie schon erwähnt).

Wenn Kaffeebohnen in eine so aufgeheizte und unter Druck gesetzte Kammer gegeben und von CO_2 um- und durchströmt werden, wird das Koffein aus den Bohnen herausgelöst. Soweit, so gut!

Leider ist es aber so, dass auf demselben Weg auch angenehme Geschmacksstoffe „herausgewaschen" werden. Wenn den Bohnen das gesamte Koffein entzogen werden soll, werden kaum noch gewünschte Geschmacksstoffe in den Bohnen zurückbleiben. Deswegen ist die Entkoffeinierung von Kaffeebohnen mit dieser Methode immer ein Kompromiss: so wenig Koffein wie möglich, aber auch noch so viel an Geschmacksstoffen wie nötig behalten.

Denken Sie bitte das nächste Mal, wenn Sie entkoffeinierten Kaffee trinken, daran: das ist eventuell Physik und speziell Thermodynamik auf höchstem Niveau!

Das Koffein nicht
jeder mag; da hilft ein
superkrit'sches Lösungsmittel.

44

Klausurergebnis: normal ist das womöglich nicht!

wenn das Klausurergebnis keine Normalverteilung zeigt

Wenn eine bestimmte Messgröße, zum Beispiel eine elektrische Spannung, bei gleichen Messbedingungen immer wieder – sagen wir 100x – gemessen wird, stellt sich nicht 100x derselbe Messwert ein, ganz im Gegenteil: es ergibt sich eine Verteilung der Messwerte um einen Mittelwert. Man sagt auch, die Messwerte haben eine gewisse Streuung um den Mittelwert.

Diese Streuung ist zum einen darauf zurückzuführen, dass es immer kleine Schwankungen des tatsächlichen Werts geben kann, *zum Beispiel* aufgrund von kleinen Temperaturschwankungen, die die Messgröße während der Messreihe im Labor beeinflussen. Zum anderen ist diese Streuung aber auch auf den Messvorgang selbst zurückzuführen. Zum Beispiel wird eine Stoppuhr nicht immer exakt zum richtigen Zeitpunkt gestartet oder gestoppt, so dass die aufgezeichnete Messdauer variiert.

Im „Normalfall" ergibt sich als Wahrscheinlichkeitsverteilung der Messwerte um den Mittelwert eine „Normalverteilung", wenn die Werte im Prinzip jeden Wert auf einer kontinuierlichen Skala annehmen können. Die Verteilung

H. Level, *Die unerträgliche Leichtigkeit der Vitamintablette*,
https://doi.org/10.1007/978-3-662-73033-1_44

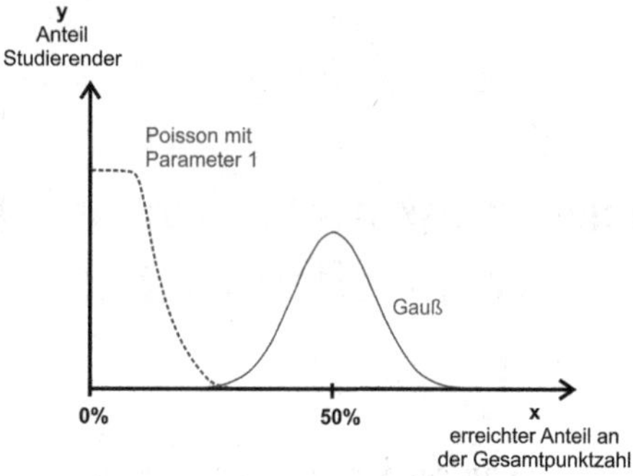

Abb. 44.1 Ein Diagramm mit zwei eingezeichneten Funktionen: einer Gauß-Funktion (Normalverteilung) und einer Poisson-Wahrscheinlichkeitsfunktion mit dem Parameter 1

wird zu Ehren von Carl Friedrich Gauß (1777–1855) auch „Gauß-Verteilung" genannt (s. Abb. 44.1).

Wie die Zeichnung verdeutlicht, ist die Gauß-Verteilung glockenförmig. Der Mittelwert gibt die Stelle auf der *x*-Achse an, an der das Maximum der Verteilung liegt (das muss nicht unbedingt wie in der Zeichnung bei 50 % sein; darauf komme ich noch zu sprechen). Je nachdem, wie viele Störeinflüsse es auf den gemessenen Vorgang selbst oder seine Vermessung gibt, ist die Verteilung unterschiedlich breit und flach (bzw. hoch und steil).

Eine solche Verteilung sollte *im Normalfall* auch für die Ergebnisse einer Klausur an Universitäten erwartet werden, wenn die Anzahl der teilnehmenden Studierenden nicht zu klein ist.[1]

Unerfahrenen Dozent:innen passiert es mitunter, dass sie die Klausuraufgaben zu schwer ansetzen, weil ihnen selbst alles so simpel erscheint. Dann liegt der Mittelwert vielleicht bei nur 35 %, und die Schwankungsbreite beträgt

[1] obwohl dabei ja nur diskrete Werte gemessen werden können: ganzzahlige Gesamtpunktzahlen für ganzzahlig viele Studierende

womöglich ±30 %. (Darüber hinaus: einige Ausreißer nach oben und unten, die nicht zur Normalverteilung passen, gibt es immer – Überflieger und Totallernverweigerer.)

Mit etwas Erfahrung bekommt man es dann meistens so hin, dass der Mittelwert bei etwa 50 % liegt. Das ist dann auch die Grenze, die oft für das Bestehen der Klausur angesetzt wird: Die Studierenden sollen wenigstens die Hälfte der Fragen beantworten bzw. die Hälfte der Punkte erzielen, damit ihre Klausur als „bestanden" (Note 4,0) gewertet werden kann.

In meiner Zeit als Dozent wurde ich von den Studierenden sehr oft einige Wochen vor der entscheidenden Klausur gefragt, wie viele Punkte sie zum Bestehen der Klausur erzielen müssten. Ich erwähnte dann jedes Mal diese 50 %, sagte aber auch, dass ich durchaus bereit wäre, die Notenskala „unter dem Gauß" *etwas* zu besseren Noten zu verschieben, wenn der Mittelwert unter 50 % läge.

Einmal haben die Studierenden dann leider schon nicht mehr hingehört. Denn ich sagte auch immer dazu, dass ich aber nicht bereit wäre, die Notenskala beliebig zu verschieben. Ein bestimmtes Minimum an Können (Wissen und Verständnis) dürfte nicht unterschritten werden, wenn man noch ein „bestanden" erzielen möchte. In diesem besonderen Fall, von dem ich hier berichte, passierte Folgendes, wie mir einige Studierende nach der Klausurauswertung zähneknirschend zugaben: Die meisten Studierenden verabredeten sich, rein gar nichts zur Klausurvorbereitung zu tun. Der Dozent hatte ja gesagt, dass er die Notenskala je nach Lage des Mittelwerts verschieben wird, oder!?

Dieses Verhalten war in doppeltem Sinne wenig schlau. Zum einen geht es in einem Studium ja nicht darum, irgendwie durchzukommen, ohne viel zu lernen. Und zum anderen hatte ich ja gesagt, dass ich die Notenskala nicht beliebig anpassen würde.

Außerdem – wie hatten sie sich das gedacht: sollte man etwa für 0 Punkte ein „bestanden“ bekommen?

In diesem Fall hätte ich nach der Auswertung der Klausur nicht einmal eine vernünftige mathematische Chance gehabt, die Skala anzupassen. Denn es ergab sich gar keine Gauß-Verteilung, sondern eine so genannte Poisson[2]-Wahrscheinlichkeitsfunktion[3] (s. auch Abb. 44.1). *Das ist eben nicht „normal“!*

So gut wie alle Studierenden hatten keine oder nur ganz wenige Punkte erzielt. Einige wenige waren nicht an der Absprache beteiligt. Insgesamt waren 75 % der Studierenden durchgefallen. Voll daneben ist eben erst recht vorbei!

Und wer an dieser Stelle die Studierenden bemitleidet, möge bedenken, dass sie später im Beruf auch nicht einfach gar nichts tun können, um ihre Kund:innen zufriedenzustellen und dafür „entlohnt“ zu werden.

Normal ist die
Verteilung nicht, wenn sie
nicht glockenförmig ist.

---

[2] nach Siméon Denis Poisson (1781–1840)

[3] Für etwas mehr Eingeweihte: mit dem Erwartungswert & der Varianz 1, das heißt mit dem Parameter 1 (Tatsächlich könnte eine Normalverteilung durch eine Poisson-Verteilung mit einem deutlich größeren Parameter, wie zum Beispiel 9, grob genähert werden, aber eben nicht im Fall des Parameters 1.).

45

Die echte und die falsche Lichtmühle

Wärmebewegung ist wichtiger als Strahlungsdruck.

Licht ist nicht nur eine Welle, sondern auch ein Ensemble (eine Ansammlung) von Teilchen, die „Photonen“ genannt werden.

Stellen Sie sich nun vor, dass Sie mit einer großen Gruppe von Freunden eine große Zahl von Tennisbällen in schneller Abfolge von einer Seite auf ein Laken werfen, das zum Trocknen auf eine Wäscheleine gehängt wurde. (Leider muss das Laken danach wohl nochmal gewaschen werden.) Sie werden merken, dass das Laken von den Tennisbällen zur anderen Seite abgedrängt wird. Eine Kraft wirkt auf das Laken. Wenn man bedenkt, dass das Laken auch eine Fläche hat und Kraft pro Fläche „Druck“ genannt wird, kann man es auch so formulieren: mit den auftreffenden Tennisbällen wird auf das Laken ein Druck ausgeübt.

Unter diesem Blickwinkel sind Photonen auch nichts anderes als Tennisbälle. Wenn mit ihnen eine Wand beschienen wird, üben sie einen Druck auf die Wand aus, der „Strahlungsdruck“ genannt wird. Wenn die Wand das Licht sehr gut reflektiert, werden die meisten der Photonen zurückgeworfen werden. So können etwa Raumschiffe und Satelliten, von denen ein Sonnensegel aus einem gut reflek-

H. Level, *Die unerträgliche Leichtigkeit der Vitamintablette*,
https://doi.org/10.1007/978-3-662-73033-1_45

Abb. 45.1 Foto einer (unechten) Lichtmühle

tierenden Material in den Weltraum herausgefahren wird, durch den „Rückstoß" (actio = reactio) angetrieben werden.

In manchen Geschenkeartikel-Läden kann man eine Art Glaskugel finden (s. Abb. 45.1), „Lichtmühle" genannt, in der ein kleines Metallgestänge mit kleinen Metallflügeln auf eine Metallnadel aufgelegt ist und sich dreht, wenn die Flügel mit Licht beschienen werden. Die Metallflügel sind – von oben betrachtet – um jeweils 90° versetzt angebracht. Jeder Flügel hat eine Fläche von etwa 2 cm^2, und alle Flügel sind auf derselben Seite gut reflektierend, während die jeweils andere Seite durch Eloxieren schwarz gehalten wird.

Wenn die Lichtmühle von der Seite mit dem Licht einer Taschenlampe beleuchtet wird, beginnt sich das Metallgestell mit den Flügeln zu drehen. Und man ist sofort versucht, dies mit dem Strahlungsdruck zu erklären. Auch in Darstellungen im Internet wird diese Erklärung gegeben.

Wenn sie richtig wäre, müssten sich allerdings die *reflektierenden* Flächen von dem einfallenden Licht *weg*bewegen. So ist es aber nicht; stattdessen bewegen sich die *dunklen* Flächen von dem einfallenden Licht *weg*. Also gerade das Gegenteil! *Warum?*

Der Strahlungsdruck ist sehr gering. Die Kraft auf jeden Flügel beträgt nur etwa 1 nN (Nano-Newton, der Milliardste Teil einer Kraft von 1 N). Um diesen Effekt festzustellen, müsste die Glaskugel der Lichtmühle sehr gut evakuiert sein; das heißt, es müsste in der Lichtmühle ein sehr gutes Vakuum existieren. In dem Fall könnte man von einer „echten Lichtmühle" sprechen.

Der Strahlungsdruck von Laserstrahlen kann auf ähnliche Weise wie bei einer echten Lichtmühle genutzt werden, um kleine Partikel, zum Beispiel kleine lebende Zellen, vor den Lichtstrahlen herzutreiben. Dann spricht man von einer „optischen Pinzette", also einer kleinen Zange aus Lichtstrahlen.

Zurück zur Lichtmühle: Die gleichnamigen Geschenkartikel, die es für ca. 30 € zu kaufen gibt, sind „falsche Lichtmühlen". Sie müssen preisgünstig sein; sonst würden sie nicht gekauft werden. Der Hersteller kann sich den Aufwand nicht leisten, in ihnen ein Vakuum zu erzeugen. Das heißt, diese falschen Lichtmühlen enthalten Luft. Und deswegen bekommt ein anderer Effekt die Oberhand, ein Effekt aus der Wärmelehre und Gasdynamik.

Dort wo das Taschenlampenlicht auf die schwarzen Flügelseiten trifft, wird es zu einem großen Teil absorbiert. (Sonst wären diese Seiten nicht schwarz!) Dadurch erwärmen sich die dunklen Flügelflächen ganz, ganz leicht. Durch deren Kontakt mit der angrenzenden Luft werden aber auch die Luftmoleküle direkt an den schwarzen Flügelflächen ganz, ganz leicht erwärmt. Erwärmung bedeutet höhere Temperatur und etwas mehr Bewegungsenergie (und auch Impuls) für die Luftmoleküle. Und das wiederum führt dazu, dass sie etwas schneller und häufiger gegen die dunklen Flügelseiten schlagen als diejenigen Luftmoleküle direkt an den *hellen* Flügelseiten. Die schnelleren, auftreffenden Luftmoleküle treiben damit die dunklen Flügelseiten vor sich her; die langsameren Luftmoleküle auf den hellen Flügelseiten haben dem nicht genug entgegenzusetzen. Die beleuchteten, dunklen Seiten drehen sich von dem einfallenden Licht weg.

Auch schön anzusehen und beruhigend!

Der Strahlungsdruck ist
winzig klein; um ihn zu merken,
Vakuum müsst in der Kugel sein.

46

Warum vom Mars nicht gleich zurückgerufen wird

Funksignale brauchen auch Zeit für ihre Wege.

Viele Menschen sind fasziniert von *Science Fiction*-Romanen und -Filmen, noch dazu, wenn es um die unendlichen Weiten des Weltalls geht. Schon oft haben *Science Fiction*-Autor:innen Themen aufgegriffen, die später gar nicht mehr so unrealistisch erschienen oder sogar schon in die Wirklichkeit umgesetzt wurden. Eines der frühen Beispiele dafür ist das Buch „Von der Erde zum Mond", geschrieben von Jules Verne, wenn auch später der Teufel im Detail steckte, als es darum ging, wirklich zum Mond zu fliegen, darauf zu landen und heile zurückzukommen.

Damit *Science Fiction-Action*-Filme spannender sind, muss etliches lautstark explodieren, obwohl sich im Weltraum-Vakuum Schall gar nicht ausbreiten kann. Weltraumschlachten sollten für die Beteiligten also eigentlich sehr still sein. Wegen des fehlenden Sauerstoffs sollte auch das in Filmen übliche Explodieren und Verbrennen eines Raumschiffs so nicht stattfinden.

Aber es gibt noch ein anderes Problem! Wenn in Filmen von der Erde aus mit den Astronaut:innen auf einer weit entfernten Raumstation oder einem anderen Planeten kommuniziert wird, scheint es sich oft um eine ganz normale

H. Level, *Die unerträgliche Leichtigkeit der Vitamintablette*,
https://doi.org/10.1007/978-3-662-73033-1_46

Unterhaltung zu handeln: Der eine sagt etwas, die andere antwortet sofort, dann erwidert sofort die erste Person etwas.

Dass das nicht so sein kann, wissen wir alle schon aus unserer Erfahrung mit Nachrichtensendungen. Wenn eine Korrespondentin aus einer weit entfernten Stadt, zum Beispiel aus Washington in den USA, nach Deutschland, berichtet, werden die Funksignale für Ton und Bild über Satelliten geleitet. Das dauert für eine Richtung ca. 1 s. Und das gilt für beide Richtungen! Wenn der Nachrichtenmoderator seine Frage stellt, braucht das Signal etwa 1 s bis zur Korrespondentin. Selbst wenn sie dann ohne Verzögerung antwortet, braucht es wieder etwa 1 s bis zurück ins Fernsehstudio. Insgesamt kommen also ≈2 s heraus, die der Moderator und die Zuschauerschaft warten müssen. Und das ist im Prinzip deutlich zu merken. Nur durch geschicktes Umschalten des Bildes mitten in der Pause wirkt sie nicht störend.

Aber was wäre nun, wenn eine Unterhaltung von der Erde zu einer Raumstation auf dem Mars stattfinden soll. Es geht um Funksignale, also elektromagnetische Wellen. Sie bewegen sich im Weltraum-Vakuum mit Lichtgeschwindigkeit, obwohl es gar nicht um (sichtbares) Licht, sondern um andere Frequenzen geht. Diese Geschwindigkeit beträgt etwa 300.000 km/s. Das sind ca. 1,1 Mrd. km/h, furchtbar schnell.

Aber Erde und Mars können auch furchtbar weit voneinander entfernt sein, zum Beispiel die Erde auf der einen Seite der Sonne und der Mars auf der anderen Seite. Der beste Fall im Sinne der Kommunikationsmöglichkeit liegt vor, wenn beide Planeten auf derselben Seite der Sonne und etwa auf einer Linie mit der Sonne liegen. Die geringste Entfernung von der Erde zum Mars beträgt 55.000.000 km. Das ist übrigens nur alle 16 Jahre so der Fall. – Um herauszubekommen, wie viele Sekunden ein Funksignal zwischen den Planeten dann braucht, muss man diese Entfernung durch die Lichtgeschwindigkeit teilen:

55.000.000/300.000 (in Sekunden) = 550/3 (in s), also 183 s.

Es bedeutet, dass Erde und Mars in diesem günstigsten Fall 183 „Lichtsekunden" voneinander entfernt sind.

183 s sind etwas mehr als 3 min. Also braucht jedes Funksignal etwas mehr als 3 min von dem einen zum anderen Planeten. Und auf die Antwort muss weitere 3 min gewartet werden. Wir wissen schon von der Situation mit der Korrespondentin in Washington, dass die Pause doppelt so viel Zeit beansprucht wie ein Signalweg, … bei der Kommunikation zwischen den Planeten also etwas mehr als 6 min. Das würde jeden *Science Fiction*-Film, der sich mit dem Mars beschäftigt, furchtbar in die Länge ziehen. Auch in der Wirklichkeit erschwert dieser Umstand die Kommunikation zwischen Erdkontrollstation und Marsstation erheblich. Ein schnelles Frage- und Antwort-Spiel ist so nicht möglich.

Kommunikationsprobleme sollten nicht unterschätzt werden!

Der Mars ist weit.
Wie einst ET kann man dort schlecht
„nach Haus' telefonieren".

47

Die Lichtgeschwindigkeit ist nicht messbar

... aber nicht, weil sie womöglich unmessbar groß wäre

Nicht nur in Physik-Laboren, auch im Alltag ist es wichtig, dass sich die Menschen auf dieselben Vergleichsgrößen beziehen. Nehmen wir an, ein Schneider möchte vom Stoffhändler eine Stoffbahn von 20 m Länge kaufen, um in seiner eigenen Schneiderei daraus Textilien anzufertigen. Er möchte also 20x eine Länge von 1 m von dem (in der Breite schon genormten) Stoffballen abmessen. Um einen größeren Gewinn zu haben, hätte der Schneider vielleicht gar nichts dagegen einzuwenden, wenn das zu Hilfe genommene Lineal etwas länger als 1 m ausfallen würde, weil er zum ausgehandelten Preis dann mehr Stoff bekommen würde. Der Stoffhändler hätte andererseits wohl nichts dagegen, seinen eigenen Maßstab zu verwenden, der *aus Versehen* etwas kürzer als 1 m ausgefallen ist.

Es ist also durchaus sinnvoll, dass in einer Gesellschaft und – in unserer globalisierten Welt – mittlerweile auch überall auf der Erde dieselben Maße verwendet werden. Damit meine ich gar nicht unbedingt, dass es zum Beispiel nicht auch eine Längenangabe in Fuß geben darf. Aber die Angabe einer Länge in Meter soll überall gleich sein, und eine eventuelle Angabe in Fuß soll auch überall gleich sein.

H. Level, *Die unerträgliche Leichtigkeit der Vitamintablette*,
https://doi.org/10.1007/978-3-662-73033-1_47

In Deutschland ist die oberste Hüterin der Maße und Einheiten die Physikalisch-Technische Bundesanstalt (PTB) mit Hauptsitz in Braunschweig und Nebensitz in Berlin. Von ihr kommt zum Beispiel auch das Funksignal, mit dem unsere Funkuhren versorgt werden. Vielen Dank dafür!

Nun arbeitet die PTB nicht losgelöst vom Rest der Erde; das würde ihrer Aufgabe ja auch geradezu diametral entgegenlaufen. Sie tauscht sich vielmehr mit vielen vergleichbaren nationalen Institutionen aus und gleicht sich ab, etwa mit dem amerikanischen NIST, dem „National Institute of Standards and Technology".

Für die weltweiten Regelungen zeichnet das „Internationale Büro für Maß und Gewicht" („Bureau International des Poids et Mesures", BIPM) verantwortlich. In dessen „Generalkonferenz für Maß und Gewicht" („Conférence Générale des Poids et Mesures", CGPM) werden die Regelungen jeweils nach langem Ringen festgelegt.

Am 20. Mai 2019 war ein ganz besonderer Tag! Denn seitdem werden alle physikalischen Größen auf sieben Grundgrößen und deren Einheiten zurückgeführt:

Zeit	[1 s (Sekunde)],
Länge	[1 m (Meter)],
Masse	[1 kg (Kilogramm)],
Stromstärke	[1 A (Ampere)],
Temperatur	[1 K (Kelvin)],
Stoffmenge	[1 mol (Mol)],
Lichtstärke	[1 cd (Candela)].

Zur Definition der [in Klammern geschriebenen] sieben Einheiten werden sie jeweils auf *eine Naturkonstante* bezogen.[1]

[1] Das war *teilweise* auch schon vor dem genannten Stichtag der Fall.

Zum Beispiel wird die Längeneinheit 1 m über *die Lichtgeschwindigkeit c im Vakuum* definiert. Das heißt genauer, dass die Längeneinheit 1 m durch die Strecke definiert wird, die Licht im Vakuum in einem Zeitintervall zurücklegt, das dem 299 792 458-sten Teil einer Sekunde entspricht.[2]

Bei dieser Angabe wird keine Nachkommastelle verschwiegen; für die Definition wird genau diese Zahl verwendet. Diese (Art) Definition sollten wir uns einmal langsam im Kopf zergehen lassen! Denn durch die Definition wird gleichzeitig auch die betreffende Naturkonstante *festgelegt,* in diesem Fall die Lichtgeschwindigkeit auf 299.792.458 m/s. Sie ist damit keine Messgröße mehr; sie steht fest! Sie ist festgelegt worden! Wenn jemand einen Versuch durchführt, mit dem sie/er die Lichtgeschwindigkeit messen möchte, ist das vergebene Mühe. Bestenfalls kann konstatiert werden, dass mit so einem Versuch die Genauigkeit der Kalibrierung der Messapparatur bestimmt werden kann.

An dieser Stelle haben viele Physik-Studierende des ersten Semesters erhebliche Verständnisprobleme, und als Dozent, der vor den Leuten im Hörsaal steht, sieht man quasi einen Aufschrei auf die Stirnen geschrieben: „Was erzählt der da vorne bloß?"

Aber es ist so! Um das Verständnis zu erleichtern: Um die Festlegung auf diesen Wert wurde gerungen. Und es hätte sicher überhaupt keinen Sinn gemacht, den Wert des Zeitintervalls, in dem sich das Licht ausbreitet, einfach auf den 100.000.000-sten Teil einer Sekunde festzulegen – „um einen schönen, glatten Zahlenwert zu haben". Das hätte nachträglich alle Messungen der Vergangenheit ad ab-

---

[2] Sie merken hier schon, dass die Definitionen teilweise aufeinander aufbauen. Denn zum Beispiel um das Meter definieren zu können, muss die Sekunde schon definiert sein.

surdum geführt. Der ganz oben genannte Zahlenwert musste also so weise festgelegt werden, dass er nicht alles Bisherige zerstörte und auch nicht zu Widersprüchen bei der Definition anderer Grundgrößen führte.

Und dennoch: die Lichtgeschwindigkeit braucht nicht mehr gemessen zu werden; denn sie ist festgelegt. Dasselbe gilt für die anderen sechs Naturkonstanten, auf deren Basis die anderen sechs Grundgrößen definiert sind. Um noch zwei Beispiele zu nennen: auch die Planck-Konstante[3] h und die Elementarladung e wurden (sinnvoll) festgelegt und sind seit dem 20.5.2019 keine Messgrößen mehr.

In gewisser Weise könnte man sagen, dass die sieben Naturkonstanten,[4] mit deren Hilfe die Einheiten definiert werden, durch die Festlegung geadelt wurden; sie sind „quasi Naturkonstanten 1. Klasse", während alle anderen, die nicht durch eine Definition festgelegt wurden, „quasi Naturkonstanten 2. Klasse" sind.

Das richt'ge Maß
gefunden wird – mit je einer
Naturkonstanten.

---

[3] früher „Plancksches Wirkungsquantum" genannt

[4] die Frequenz $\Delta\nu$ des Hyperfeinstrukturübergangs des Grundzustands im ^{133}Cs-Atom, die Lichtgeschwindigkeit im Vakuum c, die Planck-Konstante h, die Elementarladung e, die Boltzmann-Konstante k_B, die Avogadro-Konstante N_A und das photometrische Strahlungsäquivalent K_{cd}.

48

Fresnel-Linsen

Flache Linsen – das ist der Trick!

Neuere Autos – selbst die des Billig-Marktsegments – haben heute üblicherweise eine Rückfahrkamera, so dass man beim Einparken viel besser den Abstand zum dahinter geparkten Fahrzeug abschätzen kann. Welch ein Segen!

Als Kameras noch nicht so klein und kostengünstig waren, gab es diese Möglichkeit nicht. Aber an manchen alten VW-Bullis war auf der vertikalen Heckscheibe eine seltsame Plexiglasscheibe mit Riefen aufgebracht. Dabei handelte es sich um eine „Fresnel-Linse".

Fresnel-Linsen wurden und werden insbesondere verwendet, wenn ansonsten sehr dicke Linsen (in Abb. 48.1 im linken Teilbild) gebraucht und hergestellt werden müssten. Dicke Linsen brauchen viel Material und sind deshalb teuer. Noch dazu können sie kaum ohne Lunker (Löcher im Material) hergestellt werden.

Die Idee bei Fresnel-Linsen ist, nur die gekrümmten oberflächennahen Stücke der dicken Linse, an denen ja die Brechung der Lichtstrahlen stattfindet, zu verwenden und (gedanklich) zusammenzusetzen, wie in Abb. 48.1 im rechten Teilbild skizziert. (Die Herstellung funktioniert anders.) Die Zeichnung macht an dem jeweils einzelnen eingezeichneten Lichtstrahl links und rechts aber auch das

H. Level, *Die unerträgliche Leichtigkeit der Vitamintablette*,
https://doi.org/10.1007/978-3-662-73033-1_48

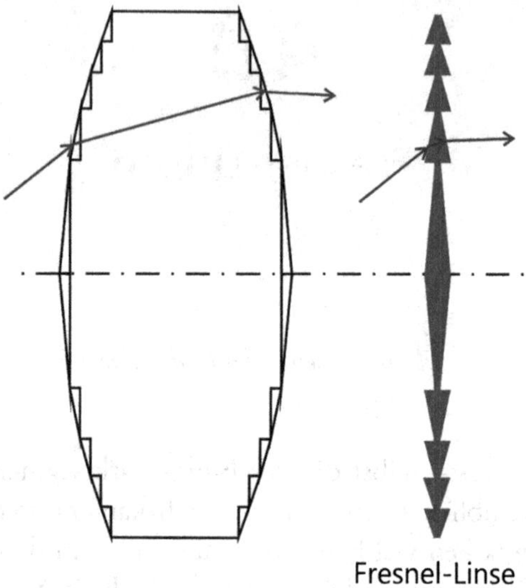

Abb. 48.1 Veranschaulichung der Idee, die hinter Fresnel-Linsen steckt: Nur die oberflächennahen Bereiche der potenziell dicken Linse werden genommen und (gedanklich) zusammengesetzt. Man beachte, dass die beiden Strahlen an unterschiedlichen Stellen und mit unterschiedlichem Winkel die jeweilige Linse rechts verlassen, obwohl sie an derselben Stelle und unter demselben Winkel links in die Linsen eingetreten sind. Das weist auf Abbildungsfehler hin.

größte Problem der Fresnel-Linsen deutlich. Sie besitzen eine schlechte Bildqualität; denn der Strahl kommt – trotz gleichen Einfalls nach Winkel und Stelle – an einer anderen Stelle und mit einem anderen Winkel aus der Fresnel-Linse (rechtes Teilbild) heraus, als es bei der entsprechenden dicken Linse (linkes Teilbild) der Fall wäre.

Wenn die Abstufungen nicht kreisförmig, sondern parallel (und horizontal) sind, spricht man von Zylinder-Fresnel-Linsen. Sie sind dann aber auch nur für Abbildungen entlang der anderen Querschnittsdimension (vertikal) geeignet.

In Leuchttürmen wurde ein Spezialfall von Zylinder-Fresnel-Linse eingesetzt, bei dem eine große Zylinder-

Abb. 48.2 Zwei Fotografien einer zylindrischen Zylinder-Fresnel-Linse aus einem Leuchtturm, vom Autor aufgenommen im Deutschen Schifffahrtsmuseum in Bremerhaven, das auch aus vielen anderen Gründen einen Besuch wert ist - genau wie die Stadt Bremerhaven!

Fresnel-Linse quasi zu einem vertikalen Zylinder „aufgerollt“ wurde. Ein solches Monstrum – wie in Abb. 48.2 zu sehen – hat keinen Namen; aber man könnte es vielleicht eine zylindrische Zylinder-Fresnel-Linse nennen. Die beiden Fotografien aus dem Deutschen Schifffahrtsmuseum in Bremerhaven[1] zeigen eine solche spezielle Fresnel-Linse. Die dicke Linse wäre nicht herstellbar gewesen; außerdem sollte in der Linse ja Platz für eine drehbare Lichtquelle sein, deren Lichtschein über das Meer geschickt werden sollte.

Bei Fresnels Linse
hilft man sich – sonst wär's zu dick –
mit Oberflächlichem.

---

[1] Ein Besuch des Museums ist nicht nur wegen der Fresnel-Linse sehr empfehlenswert.

49

Radiocarbon-Datierung

Altersbestimmung mittels radioaktiven Kohlenstoffs

Atome bestehen aus einem elektrisch positiv geladenen Atomkern und einer elektrisch negativ geladenen Elektronenhülle. Die Atomkerne sind aus elektrisch positiv geladenen Protonen und elektrisch neutralen Neutronen aufgebaut. Das am einfachsten aufgebaute Atom ist das des Wasserstoffs. Es ist nur aus einem einzigen Proton im Kern und einem einzigen Elektron in der Hülle zusammengesetzt; der Kern enthält gar kein Neutron.

Geladene Teilchen wechselwirken elektrisch miteinander; man spricht von „Coulomb'scher Wechselwirkung“. Gleich geladene Teilchen stoßen sich (Coulombsch) ab; entgegengesetzt geladene ziehen sich (Coulombsch) an. Gleichwohl stürzen die Elektronen der Atomhülle nicht in den Kern. Das kann quantenphysikalisch gedeutet werden.

Was ist aber mit der gegenseitigen Abstoßung der Protonen IM Kern, wenn der Kern mehr als ein Proton enthält?

Je mehr Protonen ein Kern enthält, desto stärker macht sich ihre Coulomb'sche Abstoßung bemerkbar. Der Kern droht instabil zu werden und auseinanderzufallen (zu „zerfallen“).

H. Level, *Die unerträgliche Leichtigkeit der Vitamintablette*,
https://doi.org/10.1007/978-3-662-73033-1_49

Nebenbei bemerkt: die Gravitations-/Massenanziehung der massebehafteten Protonen ist um 37 Größenordnungen (37 Zehnerpotenzen) kleiner[1] als ihre elektrische Wechselwirkung, kann also getrost vernachlässigt werden.

Die Natur behilft sich gegen die Protonen-Abstoßung im Kern damit, dass zusätzlich vermehrt Neutronen in den Kern eingebaut werden, um die Protonen über die starke Kernkraft zusammenzuhalten. Protonen und Neutronen zusammen heißen auch Nukleonen (Kernbausteine). – Bei kleinen Nukleonenzahlen gibt es etwa genauso viele Neutronen wie Protonen im Kern. Bei großen Nukleonenzahlen bis hin zum ^{238}Uran steigt die Neutronenzahl auf 159 % des Protonenanteils.[2]

Aber der Trick mit den von der Natur zugefügten Neutronen als Klebstoff für die sich sonst abstoßenden Protonen klappt nicht beliebig gut. Alle Kerne mit Nukleonenzahlen oberhalb von 209 [(3)] sind instabil. Sie zerfallen irgendwann von selbst. Deshalb spricht man von „natürlicher Radioaktivität". Die „Halbwertszeit" gibt an, in welcher Zeit die Hälfte aller Kerne eines Ensembles aus gleichen radioaktiven Kernen zerfällt.

Nun können sich auch in Atomtypen, die eigentlich stabil sind, bisweilen zu viele Neutronen finden – das wird dann ein „Isotop" genannt –, was zu einem Kernzerfall führt, obwohl die Nukleonenzahl weit unter 209 liegt. Ein Kohlenstoff-Atom (^{12}C) hat normalerweise 6 Protonen und 6 Neutronen im Kern (6 + 6 = 12). Es kommt aber auch das Isotop ^{14}C mit 6 Protonen und 8 Neutronen und einer Halbwertszeit von 5730 Jahren vor. Hier bedeutet „radioaktiver Zerfall", dass sich der ^{14}C-Kern in einen ^{14}N-Kern

---

[1] Ein Anteil von ≈ 0,000 000 000 000 000 000 000 000 000 000 000 000 1.

[2] Die Nukleonenzahl wird oben links am Elementsymbol angegeben.

[3] Was dem Element Wismut (Bi) entspricht: es hat 209 Nukleonen im Kern; davon sind 83 Protonen und der große Rest (126) Neutronen.

mit 7 Protonen und 7 Neutronen umwandelt, indem sich ein Neutron unter Aussendung eines Elektrons[4] in ein Proton wandelt.

Wenn zum Beispiel in Fernsehsendungen von der Radiocarbon-Methode gesprochen wird, geht es genau um dieses radioaktive ^{14}C-Isotop des Kohlenstoffs. Damit kann das Alter von lange abgestorbener, ehemals lebender Materie, wie Holz, bestimmt werden – etwa von einem altertümlichen Holzboot, das im Schlick eines Meerufers gefunden wurde. Wenn in einem Krimi dadurch das Alter eines gar nicht so alten Leichnams bestimmt werden soll, ist das eher unrealistisch, denn bei einer Halbwertszeit von 5730 Jahren ist das Alter des Leichnams eines Menschen, der vor ca. 50 Jahren starb, kaum genau genug zu bestimmen, weil schon allein die Halbwertszeit eine Unsicherheit von ±40 Jahren aufweist. Die Radiocarbon-Methode ist anwendbar für ehemals lebende Materie, die vor mindestens 300 Jahren bis zu ≈ 60.000 Jahren (ab)gestorben ist.

Aber wie funktioniert diese Radiocarbon-Methode nun?

Lebende Materie – auch wir alle im Alltag, ohne überhaupt in der Nähe von Kernkraftanlagen gewesen zu sein – nimmt durch Stoffwechselprozesse ständig radioaktives Material auf – darunter ^{14}C-Isotope –, so dass lebende Materie immer eine gewisse Radioaktivität besitzt. Ja auch Sie, ob Sie es wollen oder nicht! Denn in der Atmosphäre werden ständig ^{14}C-Isotope zum Beispiel aufgrund der Wechselwirkung mit dem Sonnenwind gebildet.

Je nach den materialspezifischen Stoffwechselprozessen mag es dabei noch Unterschiede geben. Aber für lebende Materie wird im Mittel *von einer (spezifischen) Radioaktivität von 225 Bq/kg (Becquerel pro Kilogramm) ausgegangen.*[5]

---

[4] „β^--Zerfall" („beta-minus-Zerfall") genannt.

[5] Wegen „pro Kilogramm" wird von „spezifisch" gesprochen.

Ab dem Zeitpunkt, an dem diese Materie (ab)stirbt, fehlen die Stoffwechselprozesse, so dass (dann) kein weiteres radioaktives Material mehr aufgenommen wird. Es zerfällt nur noch das bereits vorhandene radioaktive Material. Damit sinkt für eine solche tote Probe im Laufe der Zeit ihre Radioaktivität, weil immer weniger Atome übrig sind, die zerfallen können, und mangels Stoffwechsel auch keine weiteren nachgeliefert werden.

Bei Messung der (spezifischen) Radioaktivität wird man feststellen, dass sie nun unter 225 Bq/kg liegt, *zum Beispiel* nur noch 75 Bq/kg beträgt. Und mithilfe des exponentiellen Zerfallsgesetzes lässt sich daraus berechnen, wann das Material (ab)gestorben ist. Es wird also berechnet, wie lange das Material schon tot sein muss, damit seine (spezifische) Radioaktivität auf den kleineren Wert absinken konnte. Bei nur noch 75 Bq/kg [(6)] ließe das auf ein Alter der Probe von etwa 9000 Jahren schließen.

Diese Technik ist offensichtlich nur bei Materie sinnvoll, die einmal gelebt hat und dann (ab)gestorben ist (und natürlich auch nicht vollständig verwest ist). Für übliche mineralische Steine zum Beispiel macht diese Methode keinen Sinn, weil die Steine ja niemals einen Stoffwechsel hatten.

So manches Alter wird
dann doch erkannt; weil strahlend
C enthalten ist.

---

[6] um bei diesem Zahlenbeispiel zu bleiben

50

Ordentliches Chaos, 4 $^2/_3$

So chaotisch ist das Chaos gar nicht!

Sie haben wahrscheinlich schon einmal vom „Schmetterlingseffekt“ gehört. Damit ist gemeint, dass schon der Flügelschlag eines Schmetterlings ausreichen *kann,* um den Luftdruck lokal so zu verändern, dass über eine Kette von Abhängigkeiten auf der anderen Seite der Erdkugel ein Tornado entsteht.

Kleine Ursache, große Wirkung! Wenn in China ein Sack Reis umfällt, kann das doch ganz woanders einen Einfluss haben!

Ich möchte diese Thematik näher einordnen. Zum einen ist hierbei das Wörtchen „kann“ wichtig. Der Flügelschlag des Schmetterlings wird nicht immer, eher sogar sehr selten einen solch großen Einfluss haben. Sehr viele Bedingungen müssten erfüllt sein. Aber es könnte vorkommen, und es kommt vor.

Und wenn dies vorkommt, wird von „deterministischem Chaos“ gesprochen. Mit „Chaos“ ist hierbei gemeint, dass sich das System, das seinen Zustand gerade verändert (hier das Wetter– ich rede nicht vom Klimawandel!), anscheinend völlig regellos verhält. Seine Veränderungen scheinen so zu sein, als seien sie rein zufällig, … rein statistisch. Und „de-

H. Level, *Die unerträgliche Leichtigkeit der Vitamintablette*,
https://doi.org/10.1007/978-3-662-73033-1_50

terministisch" bedeutet, dass aber alle Gleichungen, die das Verhalten des Systems beschreiben, gar keine Zufallsausdrücke enthalten, sondern ausschließlich genau bestimmte, berechenbare mathematische Terme.

Man sollte meinen, dass man bei solchen Systemen ohne Zufallseinfluss den Zustand für irgendeinen beliebigen Zeitpunkt auch in der fernen Zukunft berechnen können sollte, … wenn denn nur die Bedingungen zu Beginn des Ablaufs (die „Anfangsbedingungen") beliebig genau bekannt wären. Darauf hat schon Jules Henri Poincaré (1854–1912) hingewiesen. Er betonte aber auch schon, dass Anfangsbedingungen nie beliebig genau bekannt sind und sein können. Außerdem – und das schlägt in dieselbe Kerbe – können auch Störeinflüsse (womöglich sogar nur der Atem des Wettermanns) als Nebenbedingungen während der Veränderung des Systems die Veränderung so entscheidend beeinflussen, dass sich das System in eine völlig andere Richtung entwickelt.

Der Clou bei solchen Systemen ist, dass sie „Umschlagpunkte" enthalten, an denen eine winzige Abweichung in den Anfangsbedingungen oder in den gerade herrschenden äußeren Bedingungen dazu führt, dass das System in eine andere Richtung läuft.

Stellen Sie sich bitte vor, Sie joggen im Park! An einer Stelle können Sie rechts oder links entlanglaufen. Eigentlich wollten Sie den linken Weg nehmen. Aber diesmal steht dort eine Frau mit einer Riesendogge. Da Sie Hunde nicht mögen, entscheiden Sie sich nun spontan für den rechten Weg. Im Amerikanischen heißt so etwas *„tipping point"*. An der Spitze einer Nadel entscheidet sich, ob es links oder rechts weitergeht.

Wie schon erwähnt, wird ein solches System nicht in jedem Fall deterministisches Chaos zeigen. Ob es das tut, hängt von den Anfangsbedingungen und den herrschenden Bedingungen ab.

Turbulenzen in Flüssigkeiten zum Beispiel haben mit deterministischem Chaos zu tun. Aber wenn in Wasser ein Wirbel auftritt, wird unter denselben sonstigen Bedingungen vermutlich fließender Honig – mit seiner vergleichsweise riesigen Zähflüssigkeit – keine Wirbel zeigen, also kein Chaos aufweisen.

So weit, so gut! Aber jetzt wird es erst richtig interessant! Man könnte meinen, dass ein solches System sich im Chaos und auf dem Weg ins Chaos völlig chaotisch verhält. Aber dem ist nicht so! Solche Systeme gehorchen auf ihrem Weg ins Chaos gewissen Regeln. Der Weg ins Chaos ist also recht ordentlich vorgezeichnet.

Und ein häufig (das heißt bei vielen „chaotischen Systemen") vorkommender Weg ins Chaos ist der über „Periodenverdopplungen". Dies fand als erster Mitchell Feigenbaum (1944–2019) heraus. Er untersuchte sehr unterschiedliche physikalische Systeme, die inhaltlich nichts miteinander zu tun haben (mechanische, strömungsmechanische, elektronische, ...) und die Chaos zeigen, und stellte bei ihnen trotz ihrer Verschiedenartigkeit gleiches Verhalten fest:

Zunächst laufen diese Systeme bei ihrer dynamischen Entwicklung auf einen bestimmten Zustand zu, in dem sie dann letztendlich verbleiben – „Fixpunkt" genannt. Bei leichter geeigneter Abänderung der Bedingungen kommt es dazu, dass das System letztendlich zwischen zwei möglichen Endzuständen hin- und herspringt. Bei weiterer geeigneter Veränderung der Bedingungen springt es zwischen vier möglichen Zuständen hin und her. Und so geht das Spiel weiter, bis das System im Chaos angelangt ist. Wegen des Übergangs von einem Endzustand auf zwei, auf vier und so weiter wird von Periodenverdopplung gesprochen.

Periodenverdopplung ist ein üblicher, ordentlicher Weg ins deterministische Chaos!

Bei der mathematischen Beschreibung des Wegs ins Chaos offenbart sich übrigens eine Naturkonstante, die heute 1. Feigenbaum-Konstante genannt wird und einen Wert von etwa 4,66 besitzt. Selbst unter Physiker:innen ist diese Konstante wenig bekannt, obwohl sie genauso eine Naturkonstante, wie etwa die Masse m_e eines Elektrons, darstellt und nicht etwa eine „Naturkonstante 3. Klasse". Sie beschreibt quasi den Weg ins Chaos über Periodenverdopplungen.

Viele Systeme, die deterministisches Chaos zeigen können, folgen dem Weg über Periodenverdopplungen. Laser können chaotische Schwankungen ihrer Intensität, aber auch ihrer Emissionswellenlänge aufweisen und zuvor Periodenverdopplung bei den Änderungen von diesen Größen zeigen.

Das Wirtschaftssystem als Ganzes kann chaotisches Verhalten zeigen, was wir uns alle nicht wünschen. Der Weg ins Chaos kann Periodenverdopplungen bei den Änderungen von bestimmten wichtigen Kenngrößen aufweisen. Das könnte als Warnung verstanden werden und helfen, gerade noch rechtzeitig Gegenmaßnahmen zu ergreifen. Denken Sie an die Bankenkrise 2008 und die äußerst wichtigen Beteuerungen von Kanzlerin Merkel und Finanzminister Steinbrück: „Wir sagen den Sparerinnen und Sparern, dass ihre Einlagen sicher sind. Auch dafür steht die Bundesregierung ein." Diese Beteuerungen sollten nicht nur die Menschen beruhigen und – ganz wichtig! – davon abhalten, ihre Spareinlagen abzuheben, sondern in der Folge auch das Wirtschaftssystem als Ganzes beruhigen und vom Weg ins Chaos abbringen. Es hat geklappt! Danke dafür, egal welcher politischen Couleur man selbst nahestehen mag!

Oder der Herzschlag kann Periodenverdopplungen zeigen, in dem Fall verbunden mit dem Hin- und Herspringen der Herzfrequenz zwischen verschiedenen Werten. Dann ist der Patient nahe am Kammerflimmern und kurz vor dem Herztod. Da müsste er schon ganz in der Nähe eines Krankenhauses sein, um noch eine Chance zu haben.

Aber wenn man von solch schlimmen Beispielen absieht, ist deterministisches Chaos ein faszinierendes Phänomen!

Selbst Chaos, obwohl
es scheint so wild, hält sich an
Regeln der Physik.

Doch müssen enden
diese Episoden nun, obwohl Physik
noch hat viel mehr zu bieten.

ENDE

9783662730324